U0167101

城市设计关键词

王 刚　隋杰礼　刘烜赫　著

中国建筑工业出版社

图书在版编目（CIP）数据

城市设计关键词/王刚，隋杰礼，刘烜赫著．—北京：中国建筑工业出版社，2020.10
ISBN 978-7-112-25331-9

Ⅰ．①城…　Ⅱ．①王…②隋…③刘…　Ⅲ．①城市规划-建筑设计-研究　Ⅳ．① TU984

中国版本图书馆 CIP 数据核字（2020）第 137430 号

责任编辑：黄　翊　陆新之
责任校对：张　颖

城市设计关键词

王　刚　隋杰礼　刘烜赫　著

*

中国建筑工业出版社 出版、发行（北京海淀三里河路9号）
各地新华书店、建筑书店经销
北京建筑工业印刷厂制版
北京建筑工业印刷厂印刷

*

开本：787×1092毫米　1/16　印张：12½　字数：178千字
2020年9月第一版　2020年9月第一次印刷
定价：**58.00**元
ISBN 978-7-112-25331-9
（36080）

前　言

　　本书的写作缘于三个契机。一是在烟台大学研究生课程教学中的研究经历。国内城市设计课程，其内容无不深受时下林林总总的教材影响而落下深深烙印，尽管关于城市设计的优秀著作已经不少，但是仍缺少一本能够聚焦城市设计关键点的著作。因此作者一直在思考如何凝练一种提纲挈领的"常量"内容，同时希望避免浅尝辄止，并有助于读者形成一种知识的谱系脉络，将零零散散的知识点，熔于一炉并内化为一种自觉的设计意识。二是城市设计往往容易陷入对于空间形态的执着而缺乏一种超脱的视野，本书积极吸纳来自哲学领域的理论，希望由此带有一种"上帝视角"来俯瞰空间的种种变革，从而理解浮于表面现象下的深层次因素，同时尽可能从西方学术理论回归我国的本土语境，在时下将国外理论奉为圭臬的学术氛围中，突出我国国情，两厢对比中，形成一种比较学的视野，秉有批判的思维。三是本书写作带有"改革"的初衷，改变既往的叙述逻辑，采用类似专题的形式以便于在纵深上挖潜，虽然横向的关联性有减弱之虞，但是选择的17个关键词，不仅勾勒出城市设计的主要关键点，实则也构成互证关系。各个关键词独立成章节，但又构成互补和指证关系，并基本点明每一章的主旨大意，读者不必按照本书章节的顺序阅读，既可"从中间开始"阅读本书，亦可倒看无碍，不感兴趣的内容可以跳略过去，去掉以往的"内容冗余"。但对于"新手"还是建议从头至尾阅读，毕竟关键词的排列顺序还是存在一定的先后逻辑。此外，并不刻意追求篇幅整齐划一而赘述附会，力求简洁、言之有物，因此，不同章节长短不一。

本书阐释的多个各不相同但又密切相关的城市设计关键词，实则也是城市设计需要着重考虑的维度。如同所有的设计过程一样，其结果并无对错之分，仅有好坏之别，设计的质量往往只能通过时间来验证。因此，对城市设计理论或者实践应持不断质疑与追问的态度，而非教条地作出判断，在字里行间秉承理性与中允的态度，持有健全的常识感来行文书写，是作者恪守的基本原则。本书无意效仿当下流行的做法去创造出一种"新"的城市设计理论，而是依托经典理论阐述作者对城市设计诸多维度所持的观点与态度，并坚信潜移默化的理念浸润，比单纯追求设计技巧可能更为就本舍末。

本书并非要教会读者如何去做设计，而是启发读者如何去思考设计，亦即促进设计理念的达成，激活读者自身的创造潜能并使之不断发展，简言之就是"学会自助"。

本书根据对现有文献和相关研究的回顾，广泛综合了各种理论和观点，同时提炼了作者在教学、科研等方面相关的经验，烟台大学隋杰礼教授也为本书的润色修改提出了宝贵的意见。清华同衡规划设计研究院有限公司刘烜赫先生长期实践在规划设计领域第一线，对于城市设计理论的见解颇有独到之处，为本书增色不少，并为最终的付梓出版付出了辛勤劳动。作者的研究生赵晓璇为本书的图片整理付出辛劳，在此表示感谢。

限于能力和水平，书中的瑕疵甚至错误在所难免，恳请读者提出宝贵意见。

王　刚

烟台大学

2019 年 12 月 13 日

目　录

1

定义与理论

1.1 定义的纷纭

现代城市设计在内容上日趋综合，理论上趋向多学科交叉，城市设计定义呈现出"百花齐放"的态势，出现了艺术论、过程论、政策论、场所论、关系论等不同概念界定。

有"艺术论"，如陈为邦先生在《积极开展城市设计，精心塑造城市形象》一文中写道："城市设计是对城市形体环境所进行的规划设计，是在城市规划对城市总体、局部进行性质、规模、布局、功能安排的同时，对城市空间体型环境在景观美学艺术上的规划设计。"[1]

有"文化论"，如张京祥先生认为，城市设计是对城市整体社会文化氛围的设计，偏重于城市形象研究与策划，表现在城市设计思想中对传统文化的理解、尊重和把握；表现在城市设计手法中对原有社会文化要素的有机组合；表现在城市设计操作中对其形成机制的促成。[2]

有"活力论"，如沙尔霍恩（Schalhorn K.）认为，城市的产生和形成基于空间的使用性，一个空荡荡的城市是"过时的"城市，城市使用性的本质与生活紧密相关，有活力的才是城市！因此，城市的生命存在于其鲜活的空间、建筑物和条条街巷及各个不同的场所之中。[3]

有"政策论"，如美国哈米德·希瓦尼（H. Shirvani）在《城市设计程序》（The Urban Process）中指出："城市设计活动寻找制定一个政策性框架，在其中进行创造性的实质设计，这个设计应涉及城市构架中各主要元素之间关系的处理，并在时间和空间两方面同时展开，亦即城市的诸组成部分在空间角度的排列配置，并由不同的人在不同的时间进行建设。"[4]

有"关系论"，如美国盖兰特·莫兰（G. Murry）在《城市设计的实践》

[1] 陈为邦. 积极开展城市设计，精心塑造城市形象 [J]. 城市规划，1998（1）.
[2] 段汉明. 城市设计概论 [M]. 科学出版社有限责任公司，2019：143.
[3] 同上.
[4] H. Shirvani. 关于城市设计 [J]. 薄曦译. 国外城市规划，1992（1）.

中提出："城市设计是研究城市组织结构中各主要要素相互关系的那一级设计。"①

亦有"过程论"，如庄宇认为，城市设计不是单一形体空间的设计，而是一个城市的塑造过程，是一个既有创意又有发展弹性的过程。新的城市设计更倾向于注重连续决策的过程，不是为了建立完美的理想蓝图而是制定一些使城市成型的操作规范和重要原则。②

还有"控制论"，王富臣提出，"城市设计是一种通过过程控制，有计划地干预城市空间的演化进程的社会实践活动。通过物质规划和设计策略，结合对城市经济、社会、文化、政治等问题进行物化整合，策动空间系统的持续演化，以一种进化的方式达成城市空间的必要的变化。其目的是通过提升城市空间系统的自组织机能，实现城市空间的可持续发展。"③

作者强作解人，胪列归类，给不同的观点贴上解读标签，无疑带有较强的片面性，其目的主要是为了说明针对城市设计有着不同角度的理解。

福柯认为知识不过是权力建构的"话语"，"话语"决定了一个知识的"秩序"。知识背后的权力系统的变化，以及在实践中的层面及对象的不同，形成了对城市设计研究的不同观点，也就造就了不同的定义体系。在一个特定的社会文化系统中，不同定义反映的是对城市的理解与态度。城市设计是柏拉图式的理想蓝图，或是现代主义的机器隐喻，或是个体对环境意象的映射，再或者是城市历史的拼贴过程，凡此种种，不一而详。时代背景的风云变幻，设计知识的迭代更替，城市设计也就不断地被重新诠释。

既然概念一直在流变，探究城市设计明确的定义似乎无关宏旨，我们真正需要的是通过对城市设计的根本主旨的考证与澄清，明确城市设计的内核，而非划定其外延边界。

艾伦·雅各布斯（Jacobs）与唐纳德·艾伯亚（Appleyard）在《走向城

---

① 引自《城市规划》文库：城市设计论文集．北京：城市规划编辑部，1998．
② 庄宇．城市设计的运作 [M]．上海：同济大学出版社，2004：24．
③ 王富臣．形态完整——城市设计的意义 [M]．北京：中国建筑工业出版社，2005：12．

市设计宣言》（Towards an Urban Design Manifesto）一书中，提出了未来良好城市环境所需的七个基本要素。

（1）宜居性——一个城市应是适宜所有人安居的地方。

（2）可识别性与主人翁感——居民对所处环境可以感受到归属感，且对其承担相应的责任，而不论这些产权他们是否拥有。

（3）获得机会、想象与快乐的权利——居民在城市中可以突破固有的传统模式，获得发展的空间，可以丰富自身知识，获得新观念并享受快乐时光。

（4）真实性及意义——居民能够理解其所处的城市，包括城市的基本规划、公共职能安排等以及其所能提供的机会。

（5）社区与公众生活——城市应该鼓励居民参与社区活动和公众生活。

（6）城市自给——城市将逐渐实现发展所需的能源和其他稀缺资源的自给自足。

（7）公平的环境——好的城市环境应该人人享有；每个公民享有最低程度的参与权和发展机会。①

城市设计目的就是为了趋近上述目标，然而上述目标的实现显然并非仅靠城市设计一项工作就能奏效，城市设计更多的是通过提供一个良好的空间环境和功能秩序，有助于上述目标的实现，主要包括以下几个方面内容：

（1）构筑城市基本骨架，合理布局空间功能，提高土地利用率，布置城市各种功能设施，包括各种单体建筑、公共服务设施及基础设施。

（2）形成方便快捷的交通体系，方便人们的出行和物流运输，公共交通优先，重视步行空间。

（3）协调公共空间和各个单体建筑的关系，确保整体利益兼顾单体的利益，形成共享的公共空间。

（4）尊重历史文脉，挖掘文化遗产，对有价值的历史建筑物或区域进行

---

① （英）马修·卡莫纳，史蒂文·蒂斯迪尔，蒂姆·希斯，泰纳·欧克. 公共空间与城市空间——城市设计维度（第2版）[M]. 马航，张昌娟，刘堃译. 中国建筑工业出版社，2015：10.

保存保护，珍惜和孕育城市的文化气质。

（5）与环境和谐共生，遵从城市设计与自然环境相融合的设计原则，节约能源，降低消耗，合理高效地利用有限的资源。

（6）形成良好的城市景观，设计采用人性尺度，在单体建筑、景观小品、公共空间、绿化布置、道路尺度等方面精心设计，构筑以人为本的景观环境。

（7）制定城市的经营和管理的规则、制度，平衡各种团体人群的利益诉求，构筑人际社交系统，使人们在精神层面有所归属，塑造和谐的城市社会。

1.2 理论的谱系

有关城市设计的理论国内外卷帙浩繁，蔚然大观，戴维·戈斯林（David Gosling）认为理论来源有三个方面：自然模型（大量的历史性传统城市形态）、乌托邦模型中的未来理想，以及从艺术和科学中汲取的模型。这就为城市设计流派纷繁现象的把握，提供了参考的框架。[①] 由于城市设计理论主要肇端和勃兴于西方，因此作者主要从西方繁复的理论发展中梳理出发展的脉络，绘就演进的谱系关系（表1-1），将城市设计理论大致分为四种类型，当然其类型界限并非泾渭分明，而是常常相互交叉融合。

现代城市理论与实践发展谱系 表 1-1

	1780～1900 年	1901～1945 年	1951～1965 年	1965 年至今
物质形态规划	1889 西特：《城市艺术》	1909 欧·艾纳尔：巴黎改建 1914 桑·伊利亚：现代城市方案 1923 吉伯德：《市镇设计》	20 世纪 60 年代 培根：费城城市设计 1960 芦原义信：《外部空间设计》	20 世纪 70 年代 巴尼特：纽约城市设计研究 1971 卡伦：《简明城镇景观设计》

① （美）戴维·戈斯林，玛丽亚·克里斯蒂娜·戈斯林. 美国城市设计 [M]. 陈雪明译. 北京：中国林业出版社，2005.

续表

	1780~1900 年	1901~1945 年	1951~1965 年	1965 年至今
功能主义规划	1882 玛塔：带形城市 1901 夏涅：工业城市	1922 柯布西耶：巴黎改建规划 1925 伏瓦生规划 1930 "光辉城市"方案 1930~1958 赖特："广亩城市" 1933 CIAM：《雅典宪章》	20 世纪 50 年代 柯布西耶：昌迪加尔规划设计 科斯塔：巴西利亚规划设计	20 世纪 80 年代 NCC：渥太华城市改造研究
综合规划		1922 恩温：卫星城规划 1923 伯吉斯"同心圆学说" 1923 佩里：邻里单位 1928 斯泰因：Radburn 体系 1933 克里斯塔勒：中心地理论 1938 芒福德：《城市文化》 1939 霍伊特：扇形城市理论 1940 巴罗委员会：《巴罗报告》 1944 艾伯克龙比：大伦敦规划 1945 哈里斯：城市复合理论 20 世纪 40 年代~50 年代 谢伍基、贝尔：社会区域分析	1954 魏林比规划 1956 坎布里奇城市设计会议 1957 路易斯·康：费城城市塔 1958 弗里德曼：空间城市 1959 "十次小组"：门阶哲学、簇集城市、空中街道、金巷规划 1960 丹下健三：东京湾规划 1960 美国区域发展 1960 巴黎大区域规划 1960 林奇：《城市的意象》 1961 雅各布斯：《美国大城市的死与生》 1961 英国政府：区域规划研究 战后英国城市规划机构设立和完善 1962 达维多夫：倡导性规划 1964 柯克：插入式城市	1965 HMSO：《东南部战略》 1966 亚历山大：《城市并非树形》 1969 华沙规划 1970 菊竹清训：海上城市 1971 莫斯科总图 1975 柯林·罗：《拼贴城市》 1977 拉波波特：《城市设计的人文方面》 1977《马丘比丘宪章》 1979 费城国际城市设计会议 20 世纪 80 年代 中国京津唐总体规划
生态规划	1898 霍华德：《明日的田园城市》	1942 沙里宁：《城市：它的发展、衰败与未来》	1955 约翰·西蒙兹：《景观设计学：场地规划与设计手册》	1967 麦克哈格："设计结合自然" 1969 索勒里：建筑生态学理论

1.2.1 第一类型——物质形态规划

"物质形态决定论"是城市设计的早期主导思想，奉行形式美学和古典美学为价值准则。主要代表人物早期有卡米拉·西特（Camilla Site）、F·吉伯德（F. Gibberd）、戈登·卡伦（G. Cullen）和芦原义信等人，各有理论建树。

19 世纪末，奥地利建筑师卡米拉·西特在《城市建设艺术》中通过对中世纪城市的考察，提炼出一系列城市建设的艺术规律和设计原则，提出城市空间环境的"视觉有序"理论，成为现代城市设计学科的重要理论基础之一。他在著作中对城市空间中的实体（主要是教堂）与空间（主要是广场）的相互关系及形式美的规律进行了深入的研究，提出了强调实空一体的整体性和注重关系的关联性为主的核心原则，这实质上也是图形——背景理论（Figure Ground Theory）和关联耦合分析理论（Linkage Theory）的具体应用。

吉伯德、卡伦和芦原义信分别从各自领域丰富了物质形态理论的内容。吉伯德系统地梳理了英国新城建设的经验，提出了城市设计的形式与美学等原则，并研究了城市不同功能区的设计方法。英国的卡伦在《简明城镇景观设计》（The Concise of Townscape）中提出视觉、场所和城镇构成（包括色彩、质感、比例、风格、性质、特色等）是环境与人之间建立感性联系的三种要素，也是使城市景观产生趣味性、戏剧性的方法要素。芦原义信则在归纳了各类空间分析的理论基础上，提出了"十分之一理论"和"外部模数理论"等令人津津乐道的理论。[1]

物质形态规划期望通过创造一种新的物质空间形象和秩序，来形塑或改进社会的生存环境，这显然存在较大的局限性，正如 E·沙里宁所言，"装饰性的规划大都是为了满足城市的虚荣心，而很少从居民的福利出发，它并未给予城市整体以良好的居住和工作环境"，仅仅是"特权阶层为自己在真空中做的规划"。[2] 然而物质形态规划长久以来流布甚广，物质形态美学虽然并不能改变社会层面的诸多问题，但也构成了城市设计的重要维度。

1.2.2　第二类型——功能主义规划

功能主义的先驱可以追溯到 1882 年索里亚·玛塔（Arturo Soria Mata）

---

① 孔斌. 我国现代城市设计发展历程研究（1980~2015）[D]. 南京：东南大学，2016.

② 张京祥. 西方城市规划思想史纲 [M]. 南京：东南大学出版社，2005：101.

的线形城市（Linear City）理论，以及 1917 年法国人戛涅尔（Tony Garnier）的"工业城市（Industrial City）"理论。

而功能主义集大成者当属勒·柯布西耶（Le Corbusier）。1922 年柯布西耶发表了《明日之城市》（The City of Tomorrow）一书，并于同年秋季在巴黎美术展上提交了一个极其宏大的城市规划方案，堪称现代城市规划范式的里程碑。柯布西耶反对传统式的街道和广场，而追求由严谨的城市道路格网和大片绿地组成的充满秩序与理性的城市格局，通过在城市中心设置富有雕塑感的摩天楼群来换取公共的空地，城市的效率与美观得而兼之。他推崇简洁的几何形式，追求理性与秩序，体现了"功能主义"（Functionalism）与"理性主义"城市规划思想的精髓。尽管柯布西耶被后人诟病为"陶醉于鸟瞰式的视角下的壮丽的秩序"，然而他的重要见解对于推动现代城市设计的整体发展无疑起到了至关重要的意义。

1933 年《雅典宪章》的发布标志着功能主义臻于巅峰，随着西方发达国家的工业革命发展到了顶峰，城市快速发展中积累的种种弊端（特别是空间环境、功能秩序等方面）到了变本加厉的地步。《雅典宪章》正是在此背景下应运而生，面对当时大多数城市无计划、无秩序发展过程中出现的问题，尤其是工业和居住混杂所导致的严重的卫生问题、交通问题和居住环境问题等，《雅典宪章》提出的功能分区思想横空出世，一石激起千层浪，在城市规划历史上留下浓墨重彩的一笔，其荡起的波澜一直影响后世，影响深远。

当然《雅典宪章》根据功能将城市简约化为居住、工作、游憩与交通四大功能，此举压抑了城市多样性的诉求，割裂了城市存在的千丝万缕的有机联系，也因此遭到越来越多的批评，最终催生了《马丘比丘宪章》（1977年）的诞生。

1.2.3 第三类型——综合规划

随着对当时社会流行的功能主义的各种质疑，城市设计师普遍开始从社会、经济等方面多元地理解城市，涌现出众多的理论，可谓百舸竞流。代表人物有凯文·林奇（Kevin Lynch）、简·雅各布斯（Jane Jacobs）、阿莫斯·拉波波特（Amos Rapoport）、阿尔多·罗西（Aldo Rossi）、柯林·罗（Colin Rowe）等。

凯文·林奇在《城市意象》中通过对波士顿、泽西城和洛杉矶三座城市的社会调查，总结了构建城市意象的五大要素：路径、边缘、节点、区域和地标，最先将环境心理学运用于城市设计之中。雅各布斯的《美国大城市的死与生》和亚历山大（Christopher Alexander）的《城市并非树形》，对依赖数学逻辑扼杀城市活力的功能主义和理性主义进行了严肃的批判，认为多样性是城市的天性，而功能纯化的做法几乎违背了生活常识，这构成了研究城市有机组织方式的社会学的维度。

拉波波特、罗西、柯林·罗等学者也通过跨学科的方法进行城市设计研究。拉波波特在《城市形态的人文方面》中从文化人类学和信息论的视角，认为城市形体环境的本质是空间组织方式，而不是表层的形状、材料等物质方面，而文化、心理、礼仪、宗教信仰和生活方式在空间组织中扮演了重要角色，这种文化生态思想给予现代城市设计理论富有价值的启迪。阿尔多·罗西则将类型学的原理和方法运用于建筑与城市研究中，认为古往今来的建筑可以被划分为具有典型性质的不同类型，建筑如此，城市亦然，"类型"成为城市本质。柯林·罗立足于哲学、社会学和政治等综合视角，提出了"拼贴城市"的概念，认为理想的城市形态演进应当尊重"历史底图"，以渐进的、承上启下的更新方式推进，试图缝合现代城市与传统城市的巨大裂隙，用拼贴的方法把传统和现代割断的历史重新连接起来。

此外还有舒玛赫（Tom Schumacher）的文脉主义（Contextualism）理论、诺伯格·舒尔兹（Norberg Schultz）的场所理论、萨·恩斯坦（Sherry Arnstein）的公众参与理论、《马丘比丘宪章》思想等，城市规划设计领域竞相涌现出一大批影响至深的理论，宛若繁星，熠熠生辉。

1.2.4　第四类型——生态城市设计和整体城市设计

1903 年霍华德（Ebenezer Howard）提出"田园城市"理论，现代城市规划肇始于此，该理论体现了城乡统筹的整体设计观，也是城市组团化紧凑发展理念的开先河者。

1942 年伊利尔·沙里宁（Eliel Saarinen）出版《城市：它的发展、衰败与未来》一书，提出"有机疏散"理论，认为城市作为一个有机体，在其漫长发展的过程中，必然存在着两种趋向——生长与衰败，只有从重组城市功能入手，进行城市功能的有机疏散，才可能实现城市健康、持续生长，保持城市的活力。

20 世纪 60 年代鲍罗·索勒（Paolo Soler）将生态学与城市设计结合在一起，生态城市设计思想显露头角。他认为理想的城市应高度综合且具有合适的建筑高度和密度，最大限度地减少能源消耗、垃圾和环境污染，阐明了构成城市生态学理论"缩微化—复杂性—持续性"的规则和"居住的自容纳性"等，并将城市视为有机体的动态过程，和有机疏散理论异曲同工。

1967 年麦克哈格（Ian L. McHarg）提出的"设计结合自然"思想为现代城市设计理论注入了新的血液。他亦将生态学运用于城市设计之中，提出了价值组合图评估法，利用地理、生物、社会和经济等因素指标去衡量自然环境及与城市发展的关联，强调土地的适应性，并完善了以分层分析和地图叠加技术为核心的规划方法，成为 20 世纪规划史上一次重要的生态设计方法的革新。

约翰·西蒙兹（John Symonds）在 1955 年的《景观设计学：场地规划与设计手册》和 1978 年《大地景观：环境规划设计手册》中阐述了生态要素的分析方法和生态美学的内涵，把景观推向了"人类生存空间与视觉总体的高度"。迈克尔·霍夫（Michael Hough）在《城市形态与自然过程》中则从自然进程的角度论述了现代城市设计实践中的失误，并阐明了现代城市设计应该遵循的原则。

生态城市设计其视角常常是区域性的，这是源于生态系统的不可分割性。20 世纪 90 年代初，为遏制向郊区蔓延的城市化现象，新城市主义逐渐盛行，区域的整体设计观是其典型特征。强调将区域作为一个整体考虑，建立以公交优先和紧凑的城市形态为原则的区域发展结构，促进社区、邻里的健康发展等则是其核心思想。

1.3　经典的窠臼

近年来，城市设计的专业认知、理论研究和方法程序都发生了很大的变化，尤其随着移动互联网、"智慧城市""数字城市"以及人工智能的日益发展，城市设计的理论、方法和技术获得了全新的发展。过往的一些理论因为时滞和时代局限难免落入窠臼，所以对于过往理论的态度可以传承但未必要完全固守。

而且，西方的理论基础是根植于自身的社会现实与经济条件，其理论无论视角还是现实性与我国情况都大相径庭，所以不假思索地照搬直取，只会与预设目标背道而驰，所以需要事先将理论转化，批判性地吸收。借鉴的过程并非与国外理论相揖别，而是从中外国情的比较学研究角度进行比较与厘清，差异因比较而生，因比较而明取舍。

1.3.1　图底理论的软肋

1986 年罗杰·特兰西克在《寻找失落的空间》（Finding Lost Space）一书中提出的图底关系（Figure-ground）理论存在一定的局限，图底式的规划方式是用二维方法表现复杂的三维现实，把城市空间和建筑编制成空缺与存在、未占用与已占用空间、公共与私人空间的简单二维制码，无疑丧失了丰富的信息。例如陡峭的斜坡所造成的复杂的地形关系，就难以用简单的黑色或白色来表达。图底式规划的视觉力量只在于用清晰性来区分建筑形式与开放空间，区分十分容易理解的内部区域与外部区域。[①]

白色"空隙"（void）可以理解为一个与建成形态共用邻近边界的网络，建筑物自身被抽象成了形式，建筑的个性特点被抹去了，留下的仅是建筑物有形外形的最基本信息，这种方法的重点仅仅在于强调城市格局的大致状况。[②]土地被日益稠密的建筑物占满，这是一个历史的、有机的过程；同时这个过程受到了建造技术、地形、产权等多重因素的限制，所以图底关系传达出来的信息有限，其表达城市格局的意义只是在于随着时间的推移，各种不同的留存特征积累的静态图谱。

1.3.2 麦克哈格的局限

1971 年伊恩·麦克哈格所著的《设计结合自然》（Design with Nature）是一本具有里程碑意义的专著。该著作发展了一套完整的土地适应性分析的技术和方法。麦克哈格提出任何基地都是物质的和生物的历史发展的综合演进过程，只有充分认识这个"过程"，才能判断出最有效、最适当的土地利用方式。他进而提出了区域内多因子分层叠加（图 1-1）的综合评价研究方法，亦即垂直千层饼式方法，以此来确定土地适应性程度，并据此技术路线导出自然因素和社会因素相结合的规划方案。

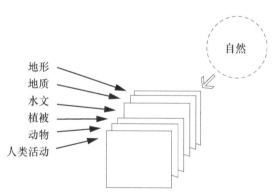

图 1-1　麦克哈格千层饼的规划方法

---

① （英）埃蒙·坎尼夫. 城市伦理：当代城市设计［M］. 秦红岭译. 北京：中国建筑工业出版社，2013：95.

② 同上。

　　麦克哈格的垂直千层饼式的相关生态要素叠加，是从基岩地质开始，作为其他各叠加层的基底，由下往上依次为表层地质、水文地质、地貌、地表水文、土壤、植物、野生动物等微观、中观和宏观环境。由于这种垂直的模型是随着时间而不断变化的，表达了一种历史的因果关系，因此就有了一个科学的准则和对未来的预测。[1]

　　《设计结合自然》的贡献还在于，麦克哈格反对主观的、偶发的规划方法，提出合理的规划应具备某些客观标准。他认为好的规划方案所构筑的模型应具备如下特点："物质和生命系统的秩序提升、感受力度和共生作用的增强、适应环境的能力优化、系统的健康和遗传潜力增长等"。[2]

　　然而，其局限性也不言而喻。这种垂直格局是源于认为大地景观普遍存在水平的生态关系或生态的流动，例如自然中水与风的流动、动物在空间上的迁徙、水系的动态演变以及城市空间的扩张等，然而层与层之间的关系往往错综复杂、互为因果，产生综合效应，从而消解了垂直格局的简单加减。同时由于时间因素的影响如何叠加才能体现"历史的过程"成为难点，虽然这一理论或许掌握了水平的过程，但是在麦克哈格的生态规划设计模式中，还是很难完全模拟现实自然与社会的互动演化关系。直到21世纪以后，随着大数据和计算机技术的迅猛发展，这种局限才逐渐得到一些优化和修正。

　　当然，《设计结合自然》的学术价值首先体现在规划设计价值观的转变。麦克哈格认为，价值观的转变至关重要，如果不具备自然生态的基本观点，就难以在规划设计中自觉地融入生态思维，所谓尊重自然的、生态的人类发展模式就无从谈起。

① 孙宇. 当代西方生态城市设计理论的演变与启示研究 [D]. 哈尔滨工业大学博士论文，2012.
② （英）伊恩·伦诺克斯·麦克哈格. 设计结合自然 [M]. 黄经纬译. 天津：天津大学出版社，2016.

2

尺度与类型

2.1 尺度的嵌套

城市设计的空间尺度分为宏观、中微观两个层面（表 2-1），分别对应总体城市设计和重点地区城市设计。

城市设计的层次与主要设计内容　　　　　　　　　表 2-1

层　　次		主要设计内容（部分）
总体城市设计		确定城市形态结构与格局，优化土地利用与空间构成，构建交通骨架与基础设施，强化城市风貌特色，打造城市公共空间体系
重点地区城市设计	城市核心区和中心地区	塑造城市风貌特色，注重与山水自然的共生关系，协调市政工程，组织城市公共空间功能，注重建筑空间尺度，提出建筑高度、体量、风格、色彩等控制要求
	体现城市历史风貌的地区	根据相关保护规划和要求，整体安排空间格局，保护延续历史文化，明确新建建筑和改扩建建筑的控制要求
	新城新区	根据城市功能性质、文脉传承、景观塑造、容量控制和低碳环保等方面的要求，确定新区建筑肌理、高度、体量、色彩、风格等要素，合理组织建筑群体，强化空间秩序与特征
	重要街道	根据居民生活和城市公共活动需要，统筹交通组织，合理布置交通设施、市政设施、街道家具，拓展步行活动和绿化空间，提升街道特色和活力
	滨水地区	用地功能系统设计、开放空间系统设计、景观风貌系统设计、历史文脉系统设计、道路交通系统设计、滨河生态系统设计、环境设施体系设计等
	山前地区	自然资源保护、生态系统建设、防灾减灾体系构建、建筑与环境关系协调等
	其他地区	根据当地实际条件，依据总体城市设计，针对能够集中体现和塑造城市文化、风貌特色，具有特殊价值的地区，明确建筑特色、公共空间和景观风貌等方面的要求

（资料来源：根据住房和城乡建设部《城市设计管理办法》整理而成。）

总体城市设计侧重对城市整体形体空间和环境的研究与设计，主要明确城市的整体空间构成，保护自然山水格局和历史文脉，强化城市风貌特色，优化城市形态格局，构建公共空间体系等。

重点地区城市设计则主要依据总体城市设计的原则，按照空间要素控制的差异，明确不同类型的具体分区范围，主要包括如下类型：城市核心区和中心地区；城市历史风貌的地区；新城新区；重要街道，包括商业街；滨水地区，包括沿河、沿海、沿湖地带；山前地区；其他能够集中体现和塑造城市文化、风貌特色，具有特殊价值的地区。不同类型地区有不同的设计内容的侧重点（表2-1）。

中微观城市设计主要是与规划管理紧密结合的阶段，重点地区城市设计制定的标准和导则可直接指导详细规划和建筑设计，是承上启下的一个重要阶段，并从空间布局、功能分区、交通组织、建筑设计等方面提出具体的城市设计要求和标准等。

城市设计的研究对象可谓"上天入地"，从宏观的城市整体到局部的城市地段，从整个城市形态结构的确定，到外部空间环境的设计，再到一条街道景观的整治、一栋历史建筑物的保护，甚至是铺地材质和小品等更为细节的问题，都包含在城市设计的范围内。

事实上，在进行城市设计时，多种尺度的设计和研究界限是无法泾渭分明的，"模糊性"的出现在所难免。很难清晰地界定不同层面的研究内容，在设计实践中常常需要同时处理多种相互交织的尺度问题。

克里斯托弗·亚历山大在《建筑模式语言》一书中使用"模式"来力求囊括城市设计所涉及的多种尺度并大致排序。他指出城市设计的尺度序列始于策略设计模式（如确定城市范围），止于室内设计模式。书中总结的253种模式说明了城市设计尺度的多层次性与复杂性。亚历山大强调说，没有一种模式是"孤立的个体"，"任何一种模式只有得到其他模式——它所存在于的较大规模的模式、周围同等规模的模式、所包含的较小规模的模式——的支持时才能存在，它们相互依存。"[1]

所以，在城市设计中，多种尺度设计往往相辅相成，甚至可以看作城市空间设计过程的不同阶段，从而构成尺度的嵌套，皆存在于一个设计的过程当中。

---

[1]　（美）C·亚历山大. 建筑模式语言（上）[M]. 王昕度，周序鸣译. 北京：知识产权出版社，2002.

关于宏观或微观尺度问题的讨论并不仅仅局限于物质性的维度上，该问题实则植根于不同的相关社会背景。现代主义的城市设计理念往往执着于抽象、整体以及大尺度的空间设计，而后现代主义则更为侧重空间的意义和细微的尺度问题。不同的侧重点反映出政治、社会、经济和文化上的时代变迁。不难发现，在城镇化率较高的发达国家和地区，宏观层面上的城市设计基本被摒弃，具体微观的地段研究和设计成为主流；但在经济快速发展、城市范围不断扩张的发展中国家，宏观的、整体式的城市设计仍较为盛行。因此城市设计的尺度和政治、社会、经济、文化、发展阶段等都密切相关。

同时，这种尺度上的分野，也可以看作不同类型的设计方法，如果首要目标是经济因素，投资者则更为关注城市局部的相关政策和具体的项目开发内容，往往不会对城市整体予以考虑，经济分析就是城市设计中不可或缺的内容；如果首要目标是社会层面，则需要关注不同群体利益，避免强加的权力意志，公众参与途径及社会规划便是城市设计最重要的内容，其宏观与微观并非绝对地相互独立，而是两者互通声气，共同服务于设计目标。

嵌套的另一层含义是指城市设计要体现"人的尺度"。人的尺度是宏观、中微观城市设计的核心，人性尺度的考量贯穿全局，从而达成尺度上的人性回归。回归"人的尺度"就是要注重市民在城市不同空间尺度中的体验，考虑人的心理、生理需求，创造宜人的生活环境，通过对城市整体、局部、细部的规划设计，实现人与城市的共生、协调发展。

2.2 类型的多元

城市设计的范围或尺度或大或小，在实际运作中，根据地理单元的大小、空间问题、规划对象、建设时序等划分为不同的类型。

美国D·阿普勒亚德（D·Appleyard）在概括20世纪60~80年代的城市设计实践经验的基础上，将城市设计划分为开发型（Development）、保护型（Conservation）和社区型（Community）三种类型。

开发型城市设计是针对城市中较大尺度的街区开发，包括城市中心开发及新城开发等，主要目标在于提高空间品质，促进城市经济发展，创造良好的生活环境，维护城市的公共利益。

保护型城市设计通常基于具有历史文脉和场所意义的城市地段，目的是保护城市传统风貌、保护自然资源、提高环境质量。保护型城市设计肇始于美国 20 世纪 60 年代末的民间历史遗产保存运动，政府顺应民意要求，将编列历史古迹、划定历史地段作为城市基本空间策略。其后各国普遍兴起的城市更新改造和历史地段保护亦归为此类城市设计，例如由于交通拥挤、风貌不彰、视线阻碍和天际线混乱等损害城市形象的原因，美国旧金山对空间框架、街区尺度、建筑高度、历史价值、城市感知、视线通廊等方面提出了相应的政策要求、保护措施和设计导则。

社区型城市设计是主要针对居住社区的城市设计，注重人的日常诉求，强调社区居民的广泛参与。实践中，是通过专家咨询、公众参与、技术援助以及各种公共法规条例的制定来实现的。这一过程是一种民主的体现。20 世纪 60 年代，这种类型是作为开发型城市设计的对立面而存在的，其主要任务是在衰退的城市社区中推动发展，促进良好社区环境的营造，协助低收入者改变居住条件。

城市设计依据不同的原则，类型划分不一而足。再例如，2000 年英国的环境、交通和区域部门（DETR）归纳出四种当代城市设计实践类型，分别为开发型城市设计，公共领域型城市设计，制定政策、导则与管理规则型城市设计和社区型城市设计（表 2-2）。

城市设计实践的类型　　　　　　　　　　表 2-2

类型	专业领域	对象尺度	工作内容
开发型城市设计	传统上属于建筑师的专业领域，景观建筑师及其他专业人员提供支持	主要面向开发过程，通常适用于街区或邻里尺度	包括： •"整体—局部"设计； •整体设计

续表

类型	专业领域	对象尺度	工作内容
公共领域型城市设计	属于工程师、规划师、建筑师、景观建筑师及其他相关专业人员的专业领域，但常常有不同的团体采取未经协调的决策和行动，因而产生了无明确指向的综合结果	包含对"骨干网络"（如干道、街道、步行道或人行道、公交枢纽站和停车场以及其他城市空间）的设计，涉及尺度范围很广	包括： ·具体项目的设计与实施； ·某一区域设计导则及改造指引的制定； ·场所的永续经营与维护，甚至包括活动和事件的策划组织
制定政策、导则与管理规则型城市设计	传统上属于规划师的专业领域，建筑师、景观建筑师、负责运作的官员及其他相关专业人员共同参与	主要关注规划进程中的"规则"设计维度。所考虑的事项较开发型城市设计要更加广泛，适用于城市的所有尺度	包括： ·区域评估、设计策略与政策的制定； ·设计导则与设计大纲的增补； ·设计管控的执行
社区型城市设计	无特定专业	在社区中工作，并与社区合作，听取普通民众的意见，共同制定社区开发方案，特别适用于邻里尺度	包括： 使用多种方法与技术满足社区使用者的需求

（资料来源：（英）马修·卡莫纳，史蒂文·蒂斯迪尔，蒂姆·希斯．公共空间与城市空间——城市设计维度（第2版）［M］．马航，张昌娟，刘堃译．北京：中国建筑工业出版社，2015：22.）

应该指出的是，上述各种不同的类型描述只是源于划分标准的不同，而实际情况往往是多种类型的叠合。例如根据公共干预方式的不同，城市设计划分为策略型城市设计和形态型的城市设计，前者是制定城市形态与环境的公共领域的控制规则，而后者则是对于城市公共空间如街道、公园、广场等进行的具体形态设计，但事实上，策略型和形态型城市设计往往相互融合，互为补充。

3

特质与建构

3.1 特殊的国情

3.1.1 压缩的城市化

1978～2018 年，我国城镇常住人口从 1.7 亿增加到 8.3 亿，城镇化率从 17.92% 提升到 59.58%[①]，是世界城市化史上城市化高速增长延续时间最长、规模最大的国家。40 年来平均每年有 1650 万乡村人口进入城市就业和生活，城市人口合计增加了 6.6 亿。我国城市化快速、浓缩、超常规地完成工业化过程及社会与制度现代化的进程，同时还面临外部全球化、信息化等所造成的时空压缩环境挑战，其结果必然是异于西方的路径范式。我国城市面临的问题更多、更复杂，这就要求我国的城市设计必须结合"压缩城市化"这一国情，其模式、路径、方法与西方国家所经历的存在较大的差异。

3.1.2 阶段特征含混

西方城市化进程由于经历了时间维度上的长久过程，其城市化大致呈现出四个较清晰的阶段，虽然无法泾渭分明，但阶段特征清晰可辨。

（1）以集聚为主的阶段

在极化效应的作用下，人口和产业不断向城市聚集，形成人口、产业、资本、技术高度密集的城市，城市规模迅速扩大。

（2）集聚与扩散并行的阶段

由于大城市中心区用地紧张、环境恶化，城市用地开始向郊区扩展，郊区出现新的住宅区、工业区和购物中心，城市进入郊区化阶段。随着部分产业和人口的外迁，城市中心区的职能开始升级和转换，控制和管理功能进一步向中心区集中，城市呈现聚集和扩散并行的状态。

---

① 班娟娟. 我国城镇常住人口增至 8.3 亿户籍制度改革全面落地. 经济参考报［N/OL］.［2019-07-09］. http：//www.xinhuanet.com/politics/2019-07/09/c_1124729131.htm.

（3）垂直发展阶段

当城市向郊区边缘地区扩张到一定程度时，城市平面式的低密度扩张方式受到"用地约束"（Land-constrained Market）的限制，不得不改变为立体式的垂直发展模式，城市中心区甚至一些离中心区数英里的局部区域形成簇群（Isolated Clusters）式发展。

（4）以扩散为主的阶段

随着信息一体化、交通高速化的发展，大城市区产业和空间结构出现了新的变化和重组，城市空间扩展与人口分散的趋势日益加强。城市呈现多中心化和边缘模糊化，与其他城市连绵一体形成城市群。

相对而言，西方城市经历了清晰的城市发展阶段，而我国城市发展并不均衡，尤其在信息化和交通技术蓬勃发展的年代，城市由于资源禀赋、区位条件、历史契机、政策扶持等多重因素影响，其发展在压缩的城镇化进程中，孕化出类型众多的城市，大小城市的阶段性亦不同，既有不断聚集和垂直发展的大城市，也有集聚和扩散兼有的中等城市，还有空心化的小城市，其阶段特征含混，城市设计的方法也无法一概而论。

3.1.3　隐匿的矛盾

我国城镇化进程的快速性与相关制度转型的渐进性抵牾不合，造就了大量潜在的矛盾。改革开放以来，渐进的制度转型保证了我国在快速工业化、城市化的过程中平稳过渡，但是其所累积的资源与生态环境压力在不断增强，社会问题也越积越深。渐进的制度转型将转型的成本分摊在一个更长的时段里，随着时间的推移，城镇化风险在不断地累积，隐藏的问题（如城乡分割、贫富差距、社会矛盾、资源浪费、生态压力等）也逐渐浮出水面，要解决这些问题非常棘手，城市设计面对更为严峻的社会和生态环境矛盾。

3.1.4　政府主导调控

我国城镇化总体上不是基于市场经济自发演进的过程，而是政府主导调控的推动结果，具有不同于西方城市化的逻辑方式。无论是计划经济时期人口和要素的流动约束，还是当今各种隐性与显性的制度安排（如社保、教育、住房等隐性制度，以及行政区划调整、城乡二元制度等显性制度），莫不如此。我国的城镇化并不是工业化积累逐渐推进的过程，要么人为地压制，使得城镇化显著滞后于工业化，要么有意地提高，使得城镇化又反过来成为推进工业化的主动政策。因此，西方有关城市化的理论范式并不能完全适用于我国，城市设计的研究取径必须结合这一国情。

3.1.5 三元特征明显

我国城镇化既然走的是一条特殊的道路，种种矛盾的现象也就无可避免，这种发展模式下的城镇化因而带有诸多矛盾的特征，例如市场经济与计划经济共存、城市和乡村双轨运行、行政区经济各自为政、市场经济与保护主义并存等。这些矛盾并非孤立存在的，而是相互交织影响、异常复杂。同时，这些矛盾也会一一映射在城市空间上，例如城中村现象、划拨地和出让地的容积率差异等，这都是过去西方城市化过程中没有经历过的，所以试图照搬西方理论就能一劳永逸地解决问题，无异于缘木求鱼，城市设计首先要了解背后特殊而又深刻的空间影响机制。

3.1.6 文化源远流长

我国主流的规划理论大多来自苏联和其他欧美国家，而作为一个文化源远流长、城市规划建设历史悠久的国家，风水思想、周王城营建模式等是我国为数不多的"本土理论"，许多源自传统文化的规划理论与方法已经渐行渐远，无法企及。

20世纪90年代，钱学森先生首次提出"山水城市"思想，把山水诗词、山水画境和城市规划设计熔于一炉，是"山水城市"的初衷，其矛头直指规划设计领域的理论贫乏和文化精神失落问题。

"山水"并非仅是物质性的山和水，其在中国人的心中有特殊的文化意义，将浓厚的诗情画意注入城市设计当中，将城市所蕴含的人文意蕴等彰显出来，将城市设计与我国的文化精神相契合，弘扬我国关于人居环境的深刻的规划哲理和思想内涵并融入现代城市规划理论及实践中，书写具有中国特色的规划设计新篇章，必将深刻影响我国城市规划建设的发展。

3.2　系统的建构

3.2.1　探索高密度环境的设计方法

2011 年我国城镇化水平已经迈过 50% 的关口，2019 年年末全国城镇化率超过 60%。结合国外相关城镇化经验可知，这意味着我国城镇化的速度将逐渐放缓，城市增长方式也将逐步从外延扩张型向内涵优化型过渡。此外，我国的人居环境本底条件是非常紧张的，适宜于农业生产、经济发展、城镇建设的地区主要集中在胡焕庸线以东区域，而中西部地区生态环境脆弱，并不适宜大规模的生活、生产活动，扩张型增长模式在资源匮乏的约束之下也难以为继。

由此可见，城市空间发展方式必将转向以集约化、内涵式为主，控制增量、盘活存量成为城市空间发展的主要方式，面对众多城市人口、资源紧缺的局面，我国大城市走高密度、紧凑发展的方式成为必由之路。如何在高密度的环境中创造出宜居空间，发展符合我国国情的高密度环境的营造技术？这就必然要求城市规划与设计在编制体系、手段方法、技术路径、实施管理等方面实现范式的转向。探索基于我国自然环境条件、社会环境与文化传统的高密度人居环境规划策略，走出一条具有中国特色的低碳生态城市发展之路，无疑成为我国城市设计理论建构中亟待解决的命题。

3.2.2　探求快速城镇化背景中的城市治理模式

长久以来我国政府强干预的传统在政治、经济与社会生活中都贯穿始终，计划经济体制至今仍影响深远。强政府干预成为我国社会治理的一项重要特征，既是历史选择之果，也是某些问题之因。

我国正在经历着规模巨大、速度迅猛的城镇化进程，同时深刻地受到了全球化、市场化、信息化以及资源与环境约束等复杂因素的影响。在这样一种快速变化、掣肘重重、问题累累的复杂城镇化环境中，强化规划和设计的管控是题中应有之义。

然而如果全面管控，市场活力又会受到影响和压抑，如何在快速城镇化背景中，实现对物质空间环境的有效管控，同步而妥善地处理好效率与公平、发展与保护、数量与质量、经济与社会、城市与乡村等多重矛盾关系，这就需要建立一套富有张力的城市治理模式。如何在当前国情下创建富有特色的规划设计治理模式，在尊重市场规律和民众合法意愿的同时，建立政府、市场、公众多元协商互动的治理模式，使得城市设计的编制、实施、管理等各个环节得以更公正、合理地进行，是城市设计理论构建中非常值得研究的方面。

3.2.3　寻求土地公有制制度下的设计范式

与欧美规划制度一个重要不同之处是，我国城乡都采取土地公有制，土地权属的不同对城乡规划的理论、体系、方法等都产生了根本性的影响。例如，美国的区划法（Zoning）被引入我国发展成为"控制性详细规划"，两者有一定的"形似"但离"神似"相去甚远，核心差异在于两者适应于不同的土地制度需要。再例如，国外土地和房产属于私有产权，因受其财税制度调节，有利于城市存量优化机制确立，而在我国尚未建立房产税，如何实现原有产权转让给更有效率的使用方，实现"存量优化"，这就涉及动力机制的问题。因此在借鉴国外城市存量城市设计理论时需要考虑不同的制度条件。

如何在我国土地公有制的基本制度环境下构建我国城市设计的范式，或将成为我国城市设计理论与方法的核心问题，例如通过制度优势和强大的规划公权力实行阶层混合居住，推行廉租房建设，遏制社会空间过度分异，保障社会发展所需要的公平环境等，都将构成有别于西方的设计新范式。

3.2.4 研究根植传统文化的空间设计方法

城市设计思想与理论原本就应该深深地扎根于一个国家、民族的历史文化土壤之中，然而新文化运动对传统文化的激烈抨击，矫枉过正造成的文化断层，以及之后对苏联和其他欧美国家规划思想与理论的大范围引介，则几乎强制性地中断了我国本土规划设计理论的历史发展进程。

我国许多传统的城乡规划理论、方法、模式是中华民族长期积累的智慧结晶，是我国数千年来人与自然和谐共生、内在文化与外在空间互动耦合的结果，在全球城市同质化的当下，认同与尊重传统文化、传统思想价值体系，已经成为民族安身立命和文明持续发展的重大命题。

总之，探索并进而创新源自传统文化精神的本土规划理论与方法，不仅有着很强的现实意义，而且应该成为我国城市设计领域的学者和业界同仁自觉的历史责任。

4

历史文脉

4.1 历史的个案

历史的车轮滚滚向前，一刻不曾稍停，历史总是惊人的相似，以史为鉴明得失，不少城市发展决策中的失误，恰恰源于对历史的无知。无视历史规律的狂妄自大，或奉行历史虚无主义皆不可取，敬畏历史、尊重历史，向历史学习，是规划设计者应有的基本科学态度和工作方法。本章以汉口城市街道形态演变和里分建筑产生的历史过程为例，来说明空间演变内在的历史逻辑与文脉保护的意义，也借此案例阐明城市设计中历史研究的对象和方法。

4.1.1 汉口肇始

汉口的历史距今只有550年左右，其形成源于明代成化（1465～1470年）初年的一次汉水改道，汉水正流从汉阳的龟山脚南面改道北麓奔泻入江（图4-1），汉口由此涸出地面，城市于斯演绎。

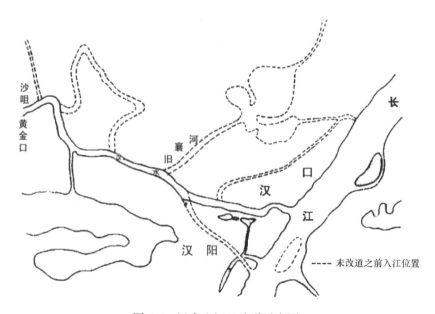

图4-1　汉水入江口改道示意图

汉水改道后，汉口地当长江、汉水交汇之冲。"此以水藏洲曲，可以避风，水浅洲回，可以下锚故也"。[1] 长江、汉水沿线的往来商船，纷纷在汉口停泊。

清人刘献庭指出："汉口不特为楚省咽喉，而云贵、四川、湖南、广西、陕西、河南、江西之货，皆于此焉转输，虽欲不雄天下，不可得也。天下有四聚，北则京师，南则佛山，东则苏州，西则汉口。然东海之滨，苏州而外，更有芜湖、扬州、江宁、杭州以分其势，西则惟汉口耳。"[2] 汉口得益于这种"得水独厚"的区位条件，渐渐形成商贾云集的商业中心。

4.1.2 地方自治

然而如此商业"要害"之处却是长期官治阙如，据罗威廉（William Rowe）考证，"汉口没有城隍庙，没有钟楼、鼓楼，地位不及卑微的小县城……"[3] 其原因与汉口最初的孤岛格局有关。汉口原先无行政建制，本属汉阳县辖地。直至明代中叶，汉阳县在汉口镇设巡检司，下设居仁、由义、循礼、大智四坊。汉口的"地方必要之事"主要由巡检司负责处理，并且要请示一水之隔的汉阳知县，这种状况持续良久，甚至到汉口开埠以后，汉口日常事务的处理依旧陷入"中隔汉水，遇有要事，奔驰不遑"[4] 的窘境。

长期的官治松弛，导致汉口逃脱严厉的官僚控制，汉口并非由国家精心设计而创建出来的，而是地方自组织的结果。

汉口优越的水运环境引得大量外来客商纷至沓来。到19世纪，正如《汉口竹枝词》记载："此地从来无土著，九分商贾一分民"，外来户约占总户人口的80%～90%，而本籍的原住人口则不过10%～20%左右。

外来客商身在他乡，虽素昧平生但同操一家方言，也自有浓浓的故知情

① 范锴．汉口丛谈［M］．武汉：湖北人民出版社，1999：212.
② 范锴．汉口丛谈［M］．武汉：湖北人民出版社，1999：122.
③ （美）罗威廉．汉口：一个中国城市的商业和社会（1796～1889）［M］．江溶，鲁西奇译．北京：中国人民大学出版社，2005：14.
④ 张之洞．汉口请设专官折［M］//张之洞．张文襄公全集 奏议（卷四十九）［M］．北京：中国书店，1990.

谊。所以同籍的在汉商户来往甚密，自发形成同乡会并蔚然成风，汉口区区弹丸之地，竟形成数以百计的同乡会馆。

同乡会的功能主要是增强背井离乡、客居在外的商人的凝聚力，"或联同乡之情，或叙同乡之谊"，保护旅居商人免遭欺侮，抚慰孤苦无助之心，同心协力抵御商业风险。

随着同乡会的大量成立，对于同乡的救助范围日益扩大，乃至发展到对地方公益的关注，包括消防减疫、公共卫生、修建设施、兴办学校等，也包括慈善事业，对同乡以外的遭受贫困灾难的社会弱者也积极施以援助。

同乡会是基于地缘的基础发展起来的，其本意是维护自身的利益，但市场的利益之争常常引起同乡会内部明争暗斗。为了避免恶性竞争，同业之间基于业缘形成行会、公所，其功能是联合商人规范经营，解决行业间以及帮派间的利害冲突，形成统一的力量，使行业发展有序。

同乡会和同业行会是同乡或同行为了互助、防卫、协商而建立的一种松散的社会团体，地方社会则达成各方力量均衡的一种动态的恒定状态。罗威廉认为，商业团体为本社团利益不能不考虑对方的利益，制定出共同遵守的法则，并共同担负当地社会公共事业的责任。通过非官方的管理，达到公共性的目的，因此，汉口实际上形成了政府向社会让渡权益、具有自治性质的商业社会共同体。[①]

4.1.3　象征共同体

汉口自治境界的达成还依赖于一个重要的社会连接纽带，这就是人类学家王斯福（Feuchtwang）称为"象征共同体"的寺庙。

汉口是一个"诸神世界"，寺庙庵堂比比皆是，如太清宫、兴龙庵、关圣殿、观音庵、宝树庵、神农殿、大王庙、四官殿、雷祖殿、回龙寺、马王庙、龙王庙、玉皇阁、天宝庵、药师庵、天都庵、九华庵、西关帝庙、

---

① （美）罗威廉．汉口：一个中国城市的商业和社会（1796～1889）［M］．江溶，鲁西奇译．北京：中国人民大学出版社，2005：13.

五显庙等，五花八门、数量繁多。

王斯福、德格罗伯（DeGlopper）、施舟人（Schipper）认为神庙崇拜、庙宇进香等是民众对社区认同与稳固性的自我表述，提出进香仪式是集体的"神圣"旅行，它强化了地方的稳固感。共同的信仰，比如砖匠和泥瓦匠行会都是信奉一个共同的神祇（土房公），柔化了阶级对峙，淡化了社会隔离的界限。

在汉口，人们对这些神的信仰是诚挚的，为各类群体的凝聚起到了一种联结作用，寺庙中的神祇信仰涵盖各行各业，给城市生活和商业事务等世俗活动提供庇护。它们为社会冲突提供了解决的场合，起到加强社区团结、凝聚亚文化力量的作用。在这种文化传统的柔化中，寺庙作为空间节点仿佛起到穿针引线的缝合作用，改善空间的社会分异，避免了社会排斥（Social Exclusion）。

4.1.4　街道形态

由于官治阙如，汉口的街道形态与一水相隔的汉阳截然不同（图4-2、图4-3）。汉口的街道突破了"方正居中"的传统轴线格局，正如罗威廉所言"环顾汉口，汉口远不是经过规划的整整齐齐的方格子行政城市，它的自然布局显得实际上不整齐、不规则。"[①]汉口主要有4条平行于汉水、长江的"街"，即正街、夹街、后街和堤街，"正街与堤街独长"。垂直于长江、汉水的"巷"非常多，基本上形成"鱼骨"形空间肌理，表现出城市独特的统一性格。密集的纵向街道也致使用地划分较为狭窄。

汉口街道形态主要是自然与商业贸易相结合的产物。在汉口，水运贸易为第一要务，沿河的码头决定了生产生活的形态和轨迹，街道的组织以码头为导向大致沿河布置，为便于沟通纵深，垂直于河道的纵向街巷也应运而生。码头城市的使命是完成货物交接、疏散、转运以及由此形成的服务

---

① （美）罗威廉. 汉口：一个中国城市的商业和社会（1796～1889）[M]. 江溶，鲁西奇译. 北京：中国人民大学出版社，2005：16.

体系，纵向街巷的密集程度显然和疏散能力息息相关。

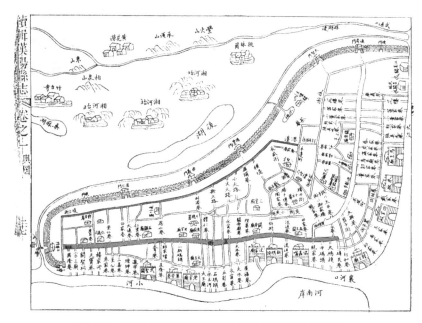

图 4-2　1868 年汉口城池图（深色为正街和堤街）

（资料来源：地图编纂委员会. 武汉历史地图集［M］. 中国地图出版社，1998.）

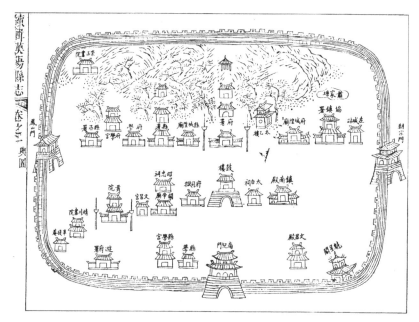

图 4-3　1868 年汉阳城池图

（资料来源：地图编纂委员会. 武汉历史地图集［M］. 中国地图出版社，1998.）

4.1.5 建筑型制

汉口开埠之前的建筑基本型制是怎样的？图 4-4～图 4-6 是清代后期会馆、县署、文庙三组建筑的平面和鸟瞰图，这三种建筑是汉口最重要的建筑类型。从中可以窥见当时建筑的基本型制，能够看出其都是数进院子组成中轴式的狭长布局，可由前街直抵后街，建筑物有楼房，也有平房，围合成数进院落。

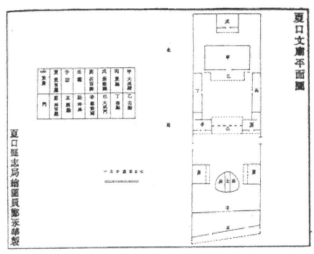

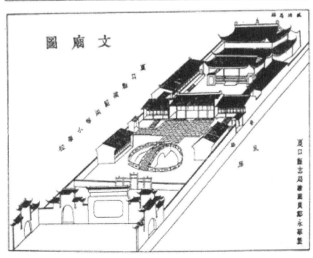

图 4-4　文庙平面和鸟瞰图

（资料来源：吴念椿. 民国夏口县志 [M]. 南京：江苏古籍出版社，2001.）

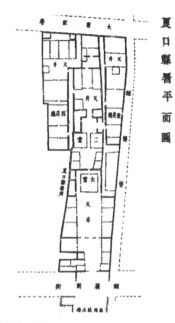

按夏口縣公署現設於前清湖北藩
捐總局內前清夏口廳署於民國成
立以來爲夏口地方審判檢察二廳
借用是圖即現時審檢廳之平面全
形亦即前清夏口廳署之舊址也將
來審檢廳擇地建築夏口縣公署廳
遷還此處故謹繪是圖以存之

夏口縣志局繪圖員鄭永華製

夏口縣署平面圖

图 4-5　县署的平面图

（资料来源：吴念椿．民国夏口县志［M］．南京：江苏古籍出版社，2001．）

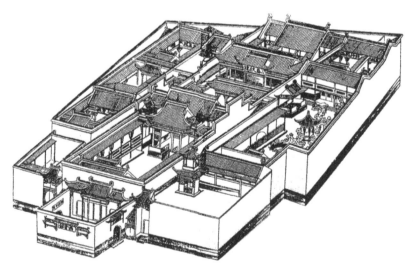

图 4-6　山陕会馆鸟瞰图

（资料来源：刘富道．天下第一街——武汉汉正街［M］．北京：解放军文艺出版社，2001．）

　　据此可以推测汉口建筑型制的基本特点就是中轴式的与汉水、长江垂直
的狭长合院式型制。一方面，垂直于河流的众多密集道路使得面宽较窄的
型制更为适合；另一方面，合院住宅渊源深远，符合我国传统文化和封建

礼制，具有较强的普适性，使得来自大江南北的商人较易接受。此外，其受徽派建筑的影响较大。徽州地区人多地少，土地宝贵，故民居主体建筑一般形式狭长，天井狭小，井窄楼高，光线阴暗。这些特点都符合汉口住宅型制特点，正如叶调元在《竹枝词》中描述："华居陋室密如林，寸土相传值寸金。堂屋高昂天井小，十家阳宅九家阴。"

另外汉口的居民相当多数为商户，沿街商铺类型住宅较为普遍，一般以2层为主，有的还是前店后作坊格局。由于面宽珍贵，所以也呈一种狭长的布局。商铺型住宅几乎占据人流较大的街巷两侧，是汉口另一种主要建筑型制类型。

狭长的房屋型制是汉口建筑的基本特点，其与鱼骨形的街道形态，是长期多方面不断调适的结果，是适合当时生产生活的最优解。

4.1.6　里分建筑的产生与发展

汉口《海关十年报告》（1902～1911年）关于人口的记载表明："汉口人口为590000人，武昌人口为166000人，汉阳口为70000人"，总人口为82.6万人，与开埠之前不过13万人相比，人口暴增，这导致了土地和房源愈发紧张。

1861年汉口开埠后，上海的房地产开发商来汉投资，里分住宅从此便在汉口生根发芽并迅速普及成为主要的住宅类型。汉口里分的建设可以分为两种模式：一种是增量的规划建设，另一种是内涵式的改造。

由于汉口人口规模迅速扩张，城市化快速推动，原有困囿城市的老城墙改为后城马路。刘歆生购买了后城马路与卢汉铁路之间的大量低洼土地，采取填土技术并修建了新型的马路（图4-7）。后城马路完工、卢汉铁路的修筑以及歆生一、二、三路的开辟无疑为汉口的空间扩张打下骨架基础，于是里分的增量建设模式表现为依附该骨架增量扩张。

在资本的推动下，汉口内部区域也开始大量内涵式改造。汉口最初基本的建筑型制是狭长式的进式合院和沿街的商铺式商住建筑。在不在乎朝向的前提下，里分建筑采取纵向的布置，迅速与这两种常见的产权方式契合，达到尽可能提高土地使用率的目的，在几乎不改变原有形态的情况下逐渐普遍起来（图4-8）。

图4-7　1918年汉口市街全图

（资料来源：地图编纂委员会. 武汉历史地图集［M］. 中国地图出版社，1998.）

图4-8　2007年汉口里分建筑

对于如此强的适配性，与其说里分型制是西方文明的楔入，不如说是里分契合了汉口的现实状况。它符合比较严格的产权关系，满足开发商的经济利益诉求，迎合人们对西方时髦文化的追求，顺乎传统习惯和生活方式特点，因而里分的普及几乎是一个注定的结果。里分建筑的设计布局可谓是一种适应经济规律和生活模式的居住方式，其普及对于原有的街道形态改变不大，在某种程度上更加强化了鱼骨形的肌理（图4-9）。

图 4-9   1988 年汉口的城市肌理
（资料来源：武汉档案馆馆藏）

4.1.7　历史文脉的意义

文脉一词来自英文"Context"，意指上下文的关系，即一种文化的脉络，是过去—现在—未来的连续关系。一般而言，城市不是在短时间内遽然形成的，而是在一个相对较长的时间段内沉淀累积出来的。任何城市的产生都基于一定的历史社会背景，是历史的产物，城市在时间维度上的社会内在演变脉络，即文脉，是"历史上所创造的生存的式样系统"[①]。文脉往往反映出城市所处的特定制度、历史与地理特征。城市逐渐演变的空间形态、

---

① 庄锡昌等. 多维视野中的文化理论［M］. 杭州：浙江人民出版社，1987：119.

格局、肌理等是文脉的物质载体。汉口在长期历史发展中建构出来的"鱼骨"形空间肌理以及里分建筑，是生产生活的逻辑体现，反映了一定的社会结构与历史理性。

历史看起来是抽象的，但它总是会以某种方式投射到具体的物质空间上。由于自然条件、社会文化、经济技术等的不同，空间中总会有一些特有的要素符号和排列方式，形成这个城市所特有的文脉肌理，是周遭社会关系的空间落实。

制度主义（Institutionalism）认为任何个体认识、理解世界的方式及其行为模式，都是基于与他人的社会关系来建构的，并通过这些社会关系嵌入特定的社会情境中。在特定的历史和地理条件下，个体的态度和价值观得以塑造。在特定社会关系的背景下，个体语义的参照及语义本身得以演化。而语义系统、价值体系和行为模式又成为地域中日常生活的文化根基。

所以城市的文脉肌理，浸透了人们的感情投射，提供了价值、语汇、隐喻和文化参照系，与地方文化相互依托、互为前提。"空间"与"地方"变成了一种相互依存与互相印证的关系，这种形态背后比较"稳定"的图状，"沉淀"在每个人的意识深处。经验的长期积累形成汉口人们世世代代的普遍性心理，其内容不是个人的而是集体的，是历史在"种族记忆"中的投影。[①]

当前城市空间环境日渐趋同，人们的归属感和定向感减弱或消失，取而代之的是对城市生活的失落感和茫然感。大规模"道路网格＋高楼"的旧城更新模式，将城市逐渐变成一个无联系、无历史感和无认同感的空间所在，抹平城市空间痕迹就是在抹平自我的生存式样系统，因此以文脉保护为前提的策略性城市设计就显得至关重要。

当然保护文脉并不是一味地抵抗改变，城市设计应在文脉保护的前提下，深度观察居民日常生活逻辑、行为轨迹、生存方式以及经济模式，适

---

① 王刚. 汉正街街道形态与意义的演变过程 [M]. 南京：东南大学出版社，2013：197.

应新的生产生活方式改变，谨慎的、策略性的有机更新才是正确的路径。

4.2　研究的对象

一般来说，与城市设计相关的城市历史研究包括以下内容。

（1）城市的起源与发展机制：重点研究城市起源、发展的内在动力，更大范围内政治经济、历史文化、自然环境、区位地理、资源禀赋的影响、空间形态的变化、城市人口构成与分布等，以及这些因素之间的相互关系。

（2）城市体系与城市文化特征：不同地域的城市通过经济联系、文化辐射、地域联盟、分工协作等在一定时空范围内形成某种城市体系；在经济贸易、科学技术、建筑风格、制度法规、生活形态等方面形成地域文化。

（3）城市格局的演变：包括城市历史的发展、演进以及城市发展的脉络，了解城市的历史变迁，并制定城市空间形态演变图；研究城市的功能布局、空间要素（如道路街巷、城市轴线、商业设施和生产设施的分布）等，构筑城市空间要素系统图。

（4）城市发展过程中的社会状况：包括基本的生活模式，即在特定生产方式、经济条件、社会关系、建造技术等多种因素的影响下，人们逐渐形成的基本生活模式；还包括社会构成与社会制度，在历史过程中形成的政治架构、阶层构成、城市制度、法规、习俗，这些都会作用于城市的尺度、空间结构等。

（5）城市发展中的历史要素：物质性的历史要素包括文物古迹、历史遗迹、传统街区、名胜古寺、古井、古木等；非物质性的历史要素包括历史人物、历史事件，体现地方特色的岁时节庆、地方语言、传统风俗、文化艺术等。

城市历史研究的一个重要特点是跨学科性，城市设计工作者应该兼收并蓄，综合各门学科的优势，吸收不同的观念与方法，以系统的视角研究城市的历史、现状并审视未来。

4.3　设计耦合历史资源

4.3.1　构建整体历史空间资源脉络

城市形态与格局是独一无二的城市特色，城市肌理特征构成城市特质内涵，山川河流与城市互动演变，形成特有的地域风貌，在当下城市面貌和文化趋同的情况下，保持生机勃勃的地方特色和历史文脉具有重要的意义。城市特色空间资源，并非孤立存在，往往相互关联，如何了解和梳理其中的关系网络，并形成整体的资源系统，方是关键。其是所在地区或城市的特征性地标，也是人们认知城市的重要心理坐标。传承地方历史文脉，延续城市文化特色，塑造城市形象特色，通过构建整体历史空间资源脉络，有机保护和合理利用各项历史空间资源和历史遗存，赋予地域人文特色，具有文脉保存、风貌塑造、经济发展等多方面意义。

通过梳理城市与自然要素、人文要素的相互作用关系，了解历史的先后因果关系，运用城市形态学的研究，使得构成城市结构的内在逻辑变得"清晰可读"。在整体结构的语境中，将独立的元素和规律添加其中，亦将填充、介入或扩展其结构内涵，从而构建整体的历史空间资源网络。

4.3.2　城市更新的文脉维护

城市更新力求保护原有肌理文脉。既然文脉肌理承载了城市原有的生活方式，就不应该武断地"推倒重来"。正如芒福德所言，设计师"养成了用推土机消灭一切的心理状态，对一切妨碍建设的'累赘物'用推土机清除干净，以便自己死板的数学线条式的设计图得以在空荡荡的平地上开始建设。这些'累赘物'常常是一些人们的住家、教堂、商店、珍贵的纪念性建筑物，是当地人们生活习惯和社会关系赖以维持的整个组织结构的基础。

将蕴育着这些生活方式的建筑整片拆除常常意味着把这些人们一生的（而且常常是几个世代的）合作和忠诚一笔勾销。"[1] 低冲击改造原则是文脉维护的基本前提，当然也应适应新的生产生活方式，适应"同时运动诸系统"。"同时运动诸系统"是培根（Edmund N.Bacon）提出的一个重要的概念，在现代城市中如何反映同时发生的不同的运动系统，是城市设计所需要关注的问题。城市设计应该为城市的各种运动方式和运动速度的同时性找到合适的形态。它既有和谐、亲切的传统城市的"人"的空间尺度，又可通过"大"尺度保证商业运营的便捷、方便与效率，形成多尺度的城市。

4.3.3 具体而微的详细设计

（1）扎实调研历史空间要素

越是文化深厚、历史悠久的城市，历史空间要素现状调查越要细致。重新评价历史基地的综合价值构成，应把重要街区乃至单体建筑的建造年代、产权归属、使用状况、风貌遗存、保留价值、毗邻环境等情况详尽调查研究。

（2）分辨保存主义与保护主义的分野

保存主义认为真实性是首要原则，保留历史性结构是至关重要的，顺其自然、最小干预是基本原则，立面主义是断然不可接受的。通常对文物保护单位采用的是保存主义态度。

保护主义认为历史性的保留是重要的但不是首要因素，外来干预是必要的但须在不影响原有场所感的限度之内，同时干预必须要基于对历史结构的详细的理解，主要是类型、形态和文脉的演变过程。对立面主义的接受程度视不同情况而定。

（3）具体而微的临界视野

在实际设计中，首先要对历史空间要素进行等级分类，在评估的基础上

① （美）刘易斯·芒福德. 城市发展史：起源、演变和前景［M］. 宋俊岭，倪文彦译. 北京：中国建筑工业出版社，2005：388.

可以分为保护、修复、再生、重建、新建五个级别，明确各自的价值和方法。在继承城市文脉的过程中，要回避单一的保护模式，不同级别采用保存、复原、添建、改建、扩建、重构、转换、复制、拆除等不同的策略。

5

自然与环境

5.1 自然的内嵌

1969 年麦克哈格在其著作《设计结合自然》中提出，"自然不是一个为人类表演的舞台提供一个装饰性的背景，或者甚至是为了改善肮脏的城市的问题，而是需要持续地把自然作为生命的源泉、环境、老师、神圣的场所来维护，尤其是需要不断地再发现自然界本身还未被我们所知晓和掌握的必然规律和意义的源泉。"[1]

如果说麦克哈格"设计结合自然"的思想主张师法自然、取道自然、维护自然，是一个自然主义者的话，那么布罗代尔（Fernand Braudel）和康德（Immanuel Kant）的主张则带有自然或环境决定论色彩。布罗代尔指出，地理环境的影响是一种人与自然互动对话的历史、相互作用的历史，这种历史对人类文明前进与发展起着不容否认的制约作用。康德则主张，地理空间结构反映的是地表物质要素在形态上或功能上的连接方式，反映了山川、河流、湖泊、草原、岛屿等内在的关系，这种结构规定或制约着城市空间的演变，地理环境因素甚至进入历史事件和社会形态，成为影响城市空间以及地域文化的整体性或终极性的存在。

城市的兴衰成败常常和自然环境的变迁相关，在人类生产力相对落后的古代，更是如此。西安历代王朝几经迁址，都和渭、泾、沣、涝、浐、潏、滈、灞八条河流息息相关，素有"八水绕长安"之称。河道改迁影响了建都的选址，这些影响内嵌到社会和历史当中。

G·H·米德（George Herbert Mead）认为，自然界每一个要素都可以被理解为参与历史进程的一次"坍塌了的行动"（Collapsed Act）。城市形态和结构其实是地质运动、气候、降雨、河流、水土流失、人的介入共同"劳作"的过程和结果，这些因素已经相互融合，浑然成为一体，难以条分缕析，难以分隔开来。这些因素又彼此影响、互相间激荡，一个细微的因

---

① （英）伊恩·伦诺克斯·麦克哈格. 设计结合自然［M］. 黄经纬译. 天津：天津大学出版社，2016.

素可以因为次级传导的层层放大而结果无限深远。因此如英国人类学家提姆·英戈尔德（Tim Ingold）建议，要把自然要素理解成为一种内嵌形式的劳作景观（Taskscape），自然要素一直在直接或间接影响城市社会与空间形态，内嵌到其生成的过程当中。

自然的山水格局、地貌特征、植被形态是构成城市的自然基础和景观基质，城市设计应适应自然生态系统的地域性特点这一总的背景。气候轮回、雨水丰简、地形起伏、河道变迁无不影响着城市的生命翕合。城市设计者需要树立自然环境的大局观，深度研究其对城市的影响，并把其作为一种内嵌的要素，将其凝练成为城市的特质所在。

5.2　地域性的呈现

城市周遭的自然因素对其"形态生成"起着重要的影响作用。例如，不同气候带的城市常常会有大相径庭的特点，城市结构也就相差甚远，进而形成了不同的特殊形态。

非但如此，自然因素如气候、山川、河流等除了对城市的外部形象和形态结构产生着直接的影响，同时也间接地对人文因素造成影响，如城市建筑和文化习俗等，这些可谓是与城市所处的环境紧密相依的一种生存表达方式。因此不同城市受不同自然和人文因素影响，产生异彩纷呈的空间要素布局方式，从而诞生自身的地域特色。自然条件、文化习俗、经济状况、技术水平的不同，使一个城市总会有不同于别的城市的特征，这就是地域性。地域性是某特定地域中一切自然环境与社会文化因素所构成的共同体所具有的特征，它来源于当地的历史和文化，植根于当地的地形地貌和气候，依赖于当地的材料和营建方式，受制于当地的经济和技术水平。所以，不同地区由于迥异的地域因素往往呈现出不同形态或模式的生产生活空间，例如山地地区与平原地区有着不同的空间组织方式，不同民族有着不同的文化习俗，其城市空间布局就会有明显差别……每个地方的人们有自己的生活习惯和文化背景，呈现出特有的地域性（图 5-1）。城市设计的首要工作就是深度了解一座城市的地域性。

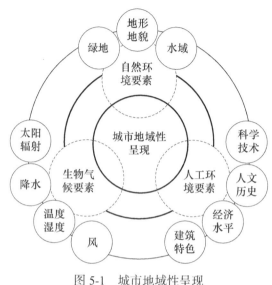

图 5-1　城市地域性呈现

5.3　设计的因应

5.3.1　因应的历史

城市设计因应自然条件和气候环境的历史由来已久。公元前 1 世纪建筑师维特鲁威（Vitruvius）所著的《建筑十书》中对古希腊、古罗马的城市建设进行了经验总结，从城市的环境因素角度，合理地思考城市的选址、形态和布局等，体现了因地制宜、结合自然的思想。他提出城市选址应尽量选择在高爽的地段，远离低洼地和病疫滋生的地方，防止主导风的漏斗效应，规避浓雾和酷热，并且要具有丰沛的水源和丰富的农副产品资源，拥有便捷的交通条件。书中还探讨了建筑设计的原则，阐述了关于朝向、阳光、风向、雨水、污染等方面的设计细节，建筑形式应适应气候的多样性。对于街道的组织，书中主要研究了街道的走向与重要公共建筑之间的对应关系，以及建筑与城市风向之间的关系，并对广场的设计和布局提出具体的建议。这种审时度势、尊重自然并与之协调的思想反映出朴素的因应自然意识。

意大利文艺复兴时期的阿尔伯蒂（Leon Battista Alberti）在其著作《建筑论：阿尔伯蒂建筑十书》中描述了横向气流和谷地霜冻的问题。他认为在炎热地区也应防备山谷气流与风旋，防备陆地或水面对太阳辐射的反射。在城市设计中应因势利导，充分考察研究城市所处的环境条件及各项因素的状况和相互关系，避免因愚昧无知造成巨大的损失和浪费。

无独有偶，我国的管子也强调城市建设因天时，就地利，"城廓不必中规矩，道路不必中准绳"的自然理念。"凡立国都，非于大山之上，必于广川之下，高勿近阜而用水足，低勿近水而沟防省"，城市、建筑的选址和建造应顺应自然环境。

我国特有的文化——风水理论，也是倡导人与自然和谐相处，达到生活安宁、趋吉、避凶、纳福等目的。无论是秦咸阳或者是唐长安，抑或是明清北京城，其都城的选址与建设，无不是遵循"天时""地利"和"人和"的境界，追求优越的自然地理位置，强调因应自然、与自然和谐共生的自然思想。

5.3.2 设计结合自然

自然环境按照与城市的远近关系，大致可分为大、中、小三种类型。"大"指区域自然格局，包括大型山脉、森林、海洋等，决定城市的广域定位；"中"指邻近的农田、山林、河流等，与城市息息相关的部分；"小"指城市公园绿地、街角花园、滨水空间等城市市民生活中近在咫尺的身边绿化环境。综合来看，设计结合自然至少应包含两个尺度——广域尺度和微观尺度。

（1）广域规划设计

设计结合自然广域尺度的关键在于在区域范围建立大尺度的城市生态架构，使城市与自然环境相得益彰，形成互惠共生的城市生态格局。

首先，摸清自然本底状况，综合分析大气、太阳、风、山、水、动物、植物等自然要素的相互关系和动态网络体系，评估区域的环境容量和承载力，对自然环境的开发程度、适宜性及开发容量的分析评价，这是设计的基础和依据。

其次构建完善的生态网络。城市设计应基于生物气候条件，保留和增强自然环境的特征。构建生态网络和生态圈层，以大片森林和水域串联城市公园、近郊园林、道路绿化、防护绿带、组团绿地，也包括水、风、光等资源，形成生态网络。

再次，生态系统的网络要与城市结构形态协调。城市结构形态要从自然出发，结合城市生态网络综合考虑，保证生态系统的连续性、系统性。在广域的范围内，统筹各种城市设施的分布，形成功能的互补。城市嵌于自然山水之中，形成城市与山水、人与自然相互渗透的山水城市环境。

随着技术的进步，尤其在大数据运用如火如荼的背景下，在中观和宏观尺度上构建生态格局时，规划设计工作者应"善假于物"，结合数据通过GIS技术实现基底的清晰判断和未来情景的动态展现。例如风景、地形、光影、微气候、尺度、噪声等级、公共与绿化开放空间、城市郊野、城市天际线等景观特色等，都可以借由GIS等工具进行理性判断并形象化展示最终的结果。

（2）微观规划设计

凯文·林奇在《总体设计》一书中谈道："微气候是由整体气候的一些局部因素的变化所形成的，如地形、植被、地表状况以及建筑物的结构形式。这些都构成微观设计的自然要素，需要充分顺应和结合设计。"[1]特征评价是设计的一个基础工作（表5-1），一个场所采取适当的设计前提在于有着合适"承载能力"和"最佳使用"，这两点的考虑应该扩大维度，以包容更长远的时期和更广阔的区域。

---

① （美）凯文·林奇，加里·海克. 总体设计［M］. 黄富厢，朱琪，吴小亚译. 南京：江苏科学技术出版社，2016：43.

特征评价的清单 表 5-1

特 征 因 素	具 体 解 释
区位与人口	将该基地置于更大的人居环境中，以理解基地的社会状况如何影响其特征
自然要素、景观构成	理解基地与景观、自然地形之间的关系
基地的历史	理解基地如何生长与发展的，尤其理解其形态演变历史，确定基地特色区域
基地的自然条件	主要了解工程地质、生态敏感度、水文地质等
基地内当前与原有的功能与活动	理解功能如何塑造了基地的特征，不仅包括空间要素的形式与布局特征，还包括社会特征
关键的视线与景观	识别基地向内与向外的关键视线，以及地标建筑的景观价值
基地的考古价值	需要专业的评估以保证对基地潜在考古价值的关注
建筑历史传统特征	探讨主导的建筑风格或建造传统，以强化地方建筑特色
基地内各类空间的特征与关联	各类空间要素的相互影响与关系，尤其关注公共与私人空间之间的关系，有利于确定土地利用与功能布局的原则
传统的与常用的建筑材料、质地、颜色与细部	建筑材料、细部、景观等经常带来视觉上的趣味，对构建地方特色起到很大作用
绿化空间、生态环境与生物多样性	识别自然生态系统与人工绿化环境，这是形成地区特征的重要组成部分
基地环境要素构成及其与周边环境的关联	关注更为广阔的景观环境，特别是自然地形，以及区域内的地标、通廊、风道等
基地受到影响、干扰、破坏的因素	了解消极的因素或重要的威胁，避免对地区特色形成强烈的影响
现有的定义模糊、中性地区	保证并提升所有区域发展的机遇
适应性与弹性	确定基地适应困难、压力以及承载变化的能力

林奇在《总体设计》中建议用多种方式研究一个基地，设计师首先要忘却基地的用途，从漫无目的的探索入手，去观察基地本身，沉思基地的特征，寻求有趣的特征及具有揭示性的线索，然后才开始考虑设计的种种可能性，尤其在不同的气候、光线和活动的环境中不系统的、几乎是无意识

的踏勘可能会带来一般被忽视的现场信息。

　　同时林奇也强调，追溯一下基地的历史也是大有裨益的，包括它的自然演变、先前的使用状况。也要咨询使用者和决策者对基地的看法，他们对基地的认知、感受、期待等往往决定基地的使用方向。最后，要把基地看作循环的生态系统，了解它如何维持其自身，它的要害之处何在等问题。对基地历史、意象和生态的了解是基本的要求。

　　城市设计就是要结合基地的地形、水系、生物、气候和现状条件，充分顺应自然，吸纳自然的生态智慧，综合运用低冲击（Low Impact）的设计思路。一个典型例子是：印度建筑师查尔斯·柯里亚（Charles Correa）通过对印度热带地区和建筑的研究，设计出适应干热地区的"露天建筑"和"管式住宅"，这些建筑根植于地域气候特点，高度呼应社会现实，吸纳当地的民间与自然相处的智慧，充分利用有阴影的室外活动空间和自然通风系统，被视作早期生态设计的典范。

　　不同的微气候以及基地条件，存在着显著的差异，因此微观设计结合自然，并不存在固定的范式。

5.3.3　设计追随气候

　　相比较而言，特定地域的气候条件是影响城市空间重要的决定因素之一，这是由于气候条件决定一个城市的能源模式和人们生存方式，尤其在极端气候环境中，它在很大程度上决定了一个城市的结构形态、街道走向和建筑布局等。作为自然环境的基本要素，气候条件构成城市规划设计的重要"基本面"，"形式追随气候"成为城市设计的重要原则。不同气候区有着不同的城市设计策略。

　　例如在我国南方地区、长江流域局部的湿热地区，潮湿和炎热是解题的核心。马来西亚建筑师杨经文先生建立起一套"生物气候"设计理论，总结了在湿热气候条件下的城市设计策略，归纳起来有以下几个方面。

　　① 城市的绿化系统应贯穿整个城市，注意主导风向，令风能进入城市

内部，最大限度地避免城市热岛的形成。

② 鼓励和引导市民到户外公共空间进行活动，而不能总是处于室内空调环境中。

③ 在建筑密集的市中心地区要减少汽车流量，以减少污染、降低热量。

④ 公共活动场所在市区内均匀布局（占总面积 10%～20%）。这些场地应为有绿化或由廊架、罩篷遮挡的半封闭空间。

⑤ 不仅注重平面绿化也注重垂直绿化，植物与建筑一体化设计，构成一种绿色的形象。

⑥ 尽量减少人们对汽车的依赖，鼓励在一定的尺度内步行优先。

⑦ 人行道要设计成半封闭或不封闭形式，并形成系统。

⑧ 尽量采用可渗透地面，避免雨水从地面上流失。

⑨ 保护好风景性水面用以蒸发降温。

再例如，对于干热地区，城市通常呈现为高密集型、紧凑式的结构形态，这是由当地的气候条件所决定的，是长期以来适应自然的结果。狭窄的街道和密集的建筑是比较适宜的形式，其与宽阔的街道相比，会产生更多的阴影，对改善室内、外环境的舒适性有着积极意义。城市基地选择和总体布局时多选择合适的海拔、坡度和方位，以降低所受的太阳辐射，并利用自然通风促进热量扩散。

对于冬冷夏热地区，夏日需要凉风习习、浓荫蔽日，冬天则需远离寒风、阳光普照。城市设计时常面临着矛盾的境地和复杂的悖论，这就要求在城市开放空间的设计过程中，充分借鉴城市特定的地域生态条件和气候特征，通过"双极控制"原则加以调适。例如，利用悬铃木（俗称法国梧桐）作为行道树，夏日树叶茂密遮阴蔽日，给行人提供了舒适的阴凉环境；冬天树叶尽褪，温暖的阳光悉数投射城市。生物策略是自然法则所提供的最好的"双极控制"。

总之，城市设计者要根据众多原始资料充分评价一个地区的气候特征，从历史中汲取智慧，从当地建造中深悟原理，从现代科技发展中寻求解决方案，从宏观格局中顺乎自然气候，从局部小气候中调适构思。设计结合自然、设计顺应气候，成为由衷而发的原则（表 5-2）。

城市物质形态影响城市微气候特征 表 5-2

城市物质形态影响微气候特征	主要影响的城市物质因素
温度（城市热岛）	城市规模和形态、建成区密度和建筑类型、道路走向、交通方式、城市绿化和植被覆盖率、建筑色彩、供暖制冷能源的使用等
风场	城市地区建筑形态与密度、单体建筑的体量和高度、道路走向、开敞空间、城市绿化及细部设计等
辐射、日照	地形坡度，建筑高度、表皮、间距及屋顶、绿色植被等
湿度、降雨	城镇区位（周边山脉范围及海拔高度、局部地形）

6

形态与结构

6.1 厘清概念

6.1.1 空间结构

结构（Structure）是指事物中各组成部分或各要素之间的关联方式，是事物存在的基本事实。城市空间结构（Urban Spatial Structure）指城市空间的多种要素和单元相互结合为整体的内在联系。

1964年富勒（Foley）提出理解城市空间结构概念的"四维"框架：① 空间结构包括物质环境、功能活动和文化价值三个维度；② 空间结构包括空间和非空间两种属性，前者指物质要素的地理空间分布，后者指在空间中各类社会、文化等活动和现象；③ 空间结构包括形式和过程两个方面，分别指城市结构要素的空间分布状态和相互作用模式，形式与过程体现了空间与行为的相辅相成的关系；④ 城市空间结构具有时间动态特性。

1982年波恩（Bourne）用系统理论的观点进一步阐释了城市空间结构的概念，提出城市空间结构是以一套组织法则，连接城市形态和城市要素的相互作用，并将它们整合成一个城市系统。这一定义指出结构体现组织规则和要素间动态的相互作用关系（表6-1）。

城市空间结构系统的构成　　表6-1

系统成分	城市空间结构中的对应元素
元素（核、轴、廊、带、区、节点等）	系统起源点和控制焦点，系统控制作用的轴、联系作用的廊带，系统成分的片段、单元和小块等
范围	系统范围和城市地域的限制
组织原则	把系统联系起来的内在机制、城市结构的内在逻辑或规则（如土地市场）和增长的决定因素等
行为	城市运作方式、活动内容和增长形式
环境	影响系统的外部因素、城市结构外部因素的影响机制和类型
时序	演化的逻辑、发展顺序、城市周期的历史趋势

所以，城市空间结构是对具体的城市空间本质的抽象理解，是一种对城市内部事物联系的深刻认识，目的在于把握城市空间整体和局部的关系，创造出合理、健全、高效的城市空间。

影响空间结构的动态演化过程可分为一系列关键要素。例如 1960 年柯尊（Conzen）就将其分为建筑模式、地块模式、街区（Cadastral）模式，这些要素有不同的稳定性。[①]建筑是弹性最小的元素；地块容易随时间而改变，正如独立地块会被再次分割或合并；街区容易成为最持久的要素，它的稳定性源于经济成本、产权结构、改变难度等多种因素。2008 年詹金斯（Eric J. Jenkins）对世界 100 多个城市街区的城市结构进行研究，总结出一个类似的"尺度"，从而呈现出"尺度趋向"的规律。当然，由于战争破坏、自然灾害以及各种综合性再开发项目等因素，这些尺度变化总会发生。街区模式的不同、地块模式的不同、街区内建筑布局的不同产生了"城市结构"的不同模式。城市结构不仅指静止的形式，还应被理解为一种动态系统。

当然影响结构的因素，正如科斯托夫（Spiro Kostof）揭示的，在很大程度上还是源于权力和地形。他从城市的历史形成角度出发，把城市空间组织模式分为两种：一种是经过规划、设计出来的，这种空间组织模式体现出清晰的计划性和目的性，通常表现为某种规则的几何图形或者在其基础上的调适和变形，其背后往往是权力在城市空间中的彰显；另一种是生长性城市，呈现自发演变的逻辑，通常没有人为的整体设计，是根据自然条件，在日常生产生活的逻辑影响下逐步形成的，通常是非几何、不规则的形式，地形往往是影响的突出因素。

6.1.2　城市形态

（1）形态概念

城市形态（Urban Morphology）是在某一时间段内，在自然、历史、政

---

① （英）马修·卡莫纳，史蒂文·蒂斯迪尔，蒂姆·希斯，泰纳·欧克. 公共空间与城市空间——城市设计维度（第 2 版）[M]. 马航，张昌娟，刘堃译. 北京：中国建筑工业出版社，2015：88-89.

治、经济、社会、科技、文化等多重因素影响下，城市空间发展所构成的可见态势，是城市物质空间要素之间结构性关系的外化形式。广义的城市形态不仅指城市各组成部分的有形表现，还指一种复杂的经济、文化现象和社会过程，是人们通过各种方式去认识、感知并反映城市整体的复合的意象总体。

城市结构、形态的关系可简单地用"骨头"和"肉"来形容，当然二者并非界限分明，区分越近分明往往越是容易陷于概念的悖论。

城市设计正在超越对形式美学的单一追求，转而探求城市物质空间要素的结构性规律，通过设计、优化、调控城市形态，从而实现降低能耗、完善功能、构建特色、可持续发展等目的。无论是基于历史地段保护的"类型学"策略，还是基于公交优先的"TOD 发展模式"，抑或是基于土地集约化利用的"紧凑城市"理念等，无不从传统的空间形式美概念跃升到对城市的形态架构的追问。

（2）形态分析

形态分析是构型（Formed Structure）与动因（Motivation）关系的辩证研究，对既有形态的分析应与城市的性质和阶段相关联。

历史证明，城市形态是一个时期政治、经济、文化、自然等因素的综合结果，城市设计与城市形态在影响因素上是同构（Isomorphic）的，城市设计过程是设计师具体承受"影响因素"，城市形态则是"影响因素"作用的最终结果。进而言之，一定时期的城市形态所体现的深层价值取向，在很大程度上是由同时代的城市设计指导思想和方法论特征所决定的。[1] 所以城市形态的分析需要深入探究时代背景、阶段特征、主导思想、发展动因等深层因素。

城市形态分析主要包括三个方面内容：其一，对城市形态等级构造的研判，它对应了不同尺度的"空间域"；其二，研究不同形态结构的内在本质及其形成动因；其三，把握不同类别形态之间相互作用的关系。

① 王建国 . 现代城市设计理论和方法（第二版）[M]. 南京：东南大学出版社，2004：25.

分解是形态分析中的一种过程策略，其目的是厘清形态的等级构造和同一等级中并行的各子系统的状态。分解研究揭示了构成城市的各要素之间的关系与作用，主要集中在组成、体系和构造三个方面。

① 组成是指对象的构成，包括要素、元素、因素或单元。城市空间显然并非均质，不同空间呈现不同的特征面貌，亦即不同的组成要素表现出不同的特点，不同主要体现在功能、性质、面貌等的不同。住宅区、办公区或繁华街道的特征和面貌都不尽相同，这是辨别组成要素的有效线索。

了解不同组成要素之间包括组成要素内部的相辅相成和相害相克才是关键，组成要素的相互关系依赖于其互补性而存在。

② 体系是指各种组成要素或组成单元之间的相互关系，以及相互关系的总体。各地域及地区的特征，因其组成要素体系状态的不同而不同。城市设计中空间形态设计的重要内容就是对体系进行设计或优化。

③ 构造是保障组成要素或组成单元的存在及其相互关系的媒介。构造保障了组成要素之间的相互关系，也通常最大程度地决定了体系和组成变化。最基础的构造是自然环境，如水资源的丰盈或缺乏影响城市的规模和功能、山地城市的组成和体系结构与平原城市相比有很大的差异等。

同时人工城市空间构造的代表便是道路和铁路的交通网络，其变化也极大地影响了组成要素分布以及体系的改变。

城市的形态是要素的相互关系，即城市内部体系的表现，而这个体系状态是由组成和构造演化而来的。[1]

（3）形态设计

形态设计是对物质空间要素之间结构秩序的设计，是对可以预期的未来城市空间内在态势的把握。形态设计是基于形态理解之上的甄别、选择、优化、整合，是在具体的背景和条件下选择适宜的构型。"形态"也就成为表述城市物质空间组成的结构逻辑、构造与组成的关联逻辑、内在体系与

---

[1] （日）大谷幸夫. 城市空间设计12讲：历史中的建筑与城市 [M]. 王伊宁译. 武汉：华中科技大学出版社，2018：9-10.

外在表象的关系逻辑的形象化概念。城市形态通常表现为一系列展现结构和关系特征的图谱。

形态设计通常表现为梯级、分区、联结、分割、复合、极化等具体的构型。"梯级"反映了城市从宏观领域到微观领域自上而下的约束传递和由下至上的建构过程；"分区"是指同一梯级中不同空间单元在性质和量化上的差异呈现；"联结"和"分割"呈现某些空间要素在同一梯级或不同梯级之间产生的连缀或割裂状态；"复合"展现的是不同形态要素对空间的共同占有状态，或同一种要素所具备的不同的形态意义；"极化"指空间要素聚集成点状形态并呈现区域带动效应。

在通常状况下，形态设计所选择的适宜的构型，一方面要么来自生态架构的基底、斑块和廊道，要么来自于土地开发强度相联系的城市厚度特征（Thickness）和竖向尺度分布，要么源于功能斑块类型（Function Units or Blocks）等；另一方面又常常表现为对历史积淀的结构类型的各种变形，在历史地段的城市设计中对既有形态结构的识别和传承日益成为学界的共识。

6.2 深层原型

对城市结构与形态的深入研究往往涉及探求城市的深层原型问题。正如王建国先生所言，"如能透过错综复杂的种种表象切入客体的深层结构（Deep Structure）或历时性维度上的原型（Prototype），会大大有助于我们从本质上去认识并阐释客体。"[①]

根据凯文·林奇的研究，人类城市原型大致上有三种类型，即宇宙城市原型、机器城市原型和有机城市原型。

在宇宙城市原型中，城市是宇宙秩序或神灵意志的体现，城市空间形态的设计注重秩序、方位、轴向，具有一种普遍性的等级秩序和规划格网，唯有如此，才能与冥冥中的力量保持沟通。这里的空间和礼仪高度复合，

---

① 王建国. 现代城市设计理论和方法（第二版）[M]. 南京：东南大学出版社，2004：10.

体现一种"规矩"的行为规范，具有强有力的心理学意义，其深层价值取向是等级、稳定，适应了统治行为对空间形态的种种需求。

机器城市原型是柯布西耶倡导的一种现代模型，可以追溯至古希腊时期的米利都城。城市宛若一部机器，结构清晰并且运行有条不紊，部件可以拆离、增减、结合、修改、替换，从而实现城市功能的变化。《雅典宪章》主张的"功能城市"也是典型的机器模式。该模式影响深远，深植于今天许多城市的规划设计原则中，如土地划分、交通组织、建筑布局、建设法规等，其价值取向是分配均等、清晰明了、便利可达、运行高效等，这一模式具有很好的实用和经济效益。

有机城市原型指城市遵循有机体的生长原则慢慢生成，城市形态与自然密切互动。城市通常是由分散的社会单元构成，并尽可能自给自足，场所形态和社会组织、经济模式高度呼应。城市是一个重叠的、多元交织起来的整体，城市形态内部组织仿佛亚历山大所谓的多功能有机结合、互相交融、自然生成的半网格形结构（Semi Lattice）。

三种原型因各种元素的叠加衍化出形式多样的城市形态，在研究城市形态时要寻求城市的"坚固内核"，即经久不变的深层结构。

即便被学界普遍认为的变化多样的中世纪欧洲城市也存有"原型"。这些城市表面上自然发展，但其内部遵照一定的原理运行。据大谷幸夫（おおたにさちお）观察，中世纪城市原型与当时修道院的布局存在映射关系。

图 6-1 是圣加伦修道院的规划图。圣加伦是瑞士东部城市，其修道院建于 9 世纪左右，是当时流行的修道院建设模式。教会大堂和僧坊是建筑的核心。在中央，中庭周围围绕着长廊，北侧是教会大堂，南侧是餐厅和厨房，东侧是食品仓库，外侧设有学校、宿舍、医院、工作间、畜舍、园地、墓地、仓库、农奴宿舍等，还包括客房、朝圣者宿舍等迎接外来客人的丰富设施。

如果将教会大堂和中庭比拟为中世纪城市的市政厅与广场的话，修道院自身已然成为一个小型城市了。芒福德在其代表作《城市发展史——起源、演变和前景》中写道："……遴选思想，使其永驻，最终聚集成了修道院。"
修道院是"天空之城"，给予中世纪城市的城市众生相很大影响。[①]

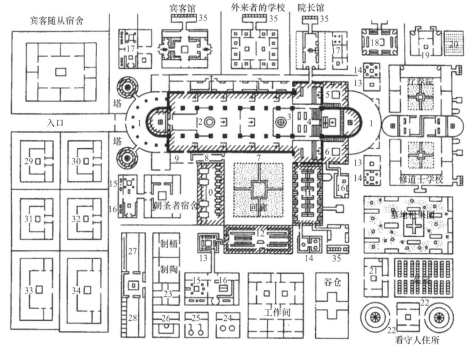

1 前庭（天堂）　2 洗礼盘　3 朗读台　4 中央大殿　5 写字室兼图书馆　6 圣具、祭司用具室　7 参事会室　8 来客室
9 安抚穷人地　10 地下仓库　11 卧室　12 餐厅和更衣室　13 炊事室　14 侧室　15 酿酒间　16 面包房　17 仓库
18 排血室　19 医生室、药房　20 药草园　21 园丁屋　22 家禽屋　23 储藏室　24 磨坊　25 研钵　26 麦芽干燥室
27 马夫屋　28 养牛屋　29 佣工　30 羊圈　31 猪圈　32 山羊圈　33 马厩　34 雌牛棚　35 厕所

图 6-1　圣加伦修道院规划图

（资料来源：（日）大谷幸夫 . 城市空间设计 12 讲：历史中的建筑与城市［M］. 王伊宁译 .
武汉：华中科技大学出版社，2018：214.）

6.3　影响因素

影响城市形态和结构的因素很多，从神话与宗教到地缘政治、军事战略，从自然环境到国家权力，从政治体制到经济制度，从文化习俗到偶然事件等，无法一一列举。

公元前 2000 多年建成的古埃及卡洪城（图 6-2），城市平面呈长方形，

---

① （日）大谷幸夫 . 城市空间设计 12 讲：历史中的建筑与城市［M］. 王伊宁译 . 武汉：华中科技大学出版社，2018：214-215.

外围有砖砌城墙。城市被城墙划分成东西两部分，城西为奴隶居住区，有一条南北向大街贯穿这一区域；城东被一条长 280 米的东西向大路分成两部分，大路的北部为贵族区，路南则是商人、手工业者、小官吏等中产阶层的住所。卡洪城反映了古埃及城市的共同特征：① 受宗教思想影响，墓葬地和庙宇与城市分开；② 社会等级制度在城市结构上表露无遗；③ 几何学、测量学等在城市建设中已有所应用，并在城市形态上得到了体现。

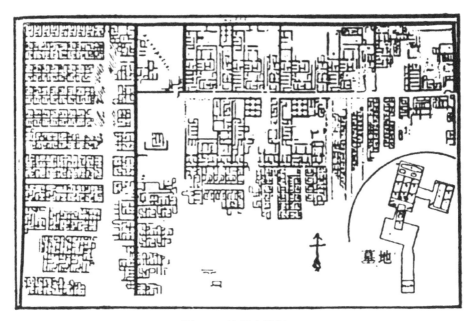

图 6-2 埃及卡洪城

（资料来源：吴志强，李德华. 城市规划原理（第四版）[M]. 北京：中国建筑工业出版社，2010：7.）

罗马的城镇规划则以网格的街道布局为特点，朝向指南针的基本方向。指南针的朝向缘于罗马神话的影响，而网格布局则是帝国地理扩张、规划新的定居点的一种实用的解决方案，规则的尺度则和"万物皆数"的哲学思想有关。而希腊的城市则体现了从集权衍生的民主政治的另一个侧面：象征民主和公共性的建筑物被系统地安排在城市核心——希腊城邦的集会广场周边。

主导中世纪的是节奏缓慢、封闭的封建体系，代表宗教势力的教会场地及其哥特式建筑位于城市最醒目的位置，防御城墙和统治家族的宫殿城堡则影射了制度体系的空间意图。中世纪城镇的特点通常是狭窄、曲折、有机的街道模式，这是特定的经济制度自然演变形成的邻里功能所衍化的结果。

中世纪以后，西方社会经历了新古典时期、工业革命时代、后工业时代的历史变迁，城市形态结构受多种因素影响，呈现出不同的特征与类型（表6-2）。

西方城市发展演变的主要特征　　　　　　　　　　表6-2

时期		城市空间结构与形态的特点	典型城市	建城思想及运动
农业时代	初期	住宅密集，城镇规模不大，空间分异	古埃及卡洪城	体现神权、数与形式美的城市
	古典时期	城市大多较为宏伟，象征性城市空间与建筑服务于统治和侵略目的	乌尔城、古希腊米利都城	
	中世纪	城市的规模减小，增长速度大大降低，城市形态不规则，体现渐进生长逻辑	法国鲁埃格	宗教思想
	新古典时期	巴洛克式城市、放射状的规划模式和格网式的规划模式	巴黎凡尔赛宫	君权思想
工业时代	前期	城市空间扩张规模快速扩大；功能混杂；城市呈高密度集中式发展，多为单中心结构；新兴专业城镇不断涌现，城市数量增多	法国巴黎、英国利文斯顿	空想社会主义、田园城市、工业城市、带形城市、广亩城市、光辉城市、有机疏散
	后期	城市功能分区与分级，综合性副中心、功能性新区、郊外式亚中心出现，多中心结构，城市集聚区产生	英国伦敦	郊区化、新城运动
后工业、知识时代	前期	城市中心衰退，市中心作用下降，城市蔓延，外围城市与边缘城市出现，大都市与连绵都市带出现	德国莱茵—鲁尔	城市更新、绅士化运动、新城市主义
	后期	紧凑的多中心城市、空间发展受控城市、多样化城市、公共交通导向的城市	日本东京	可持续发展思想

　　而在我国，秩序和等级制度是"礼"的核心，成熟于西周的"礼制"制度和"营国"模式左右着我国几千年来城市形态与结构（表6-3），更渗透进整个社会生活，构建了一种特有的文化心理。

中国古代城市平面形态的演变　　　　　　　　　　表 6-3

时　期	典　型　案　例	形　态　特　点	影　响　因　素
新石器	腾花落古城	布局规整 双城相套	农作制度 防御需要
周	周都城	规则方正 中轴对称 双城相套 宫城居中	礼制制度 王权意识
春秋战国	赵邯郸城	不规则 功能分区	经济发展 君权专制 自然影响
秦汉	汉长安城	布局不方正 功能分区 多重城相套	集权思维 经济发展 自然影响
隋唐	唐长安城	规则规整 功能分区 多重城相套 宫城居中	儒家思想 君权专制

时 期	典 型 案 例	形 态 特 点	影 响 因 素
宋元	宋东京城	布局规整 功能分区 三重城相套 宫城居中	儒家思想 君权专制 经济发展
明清	明清北京城	布局规整 功能分区 多重城相套 宫城居中	政治观念 儒家思想 君权专制 经济发展

　　唐长安、明清北京均呈现出《周礼》的"王城图"设计范式。这种按照"礼"的规范体现权力旨意的营建模式，其等级秩序教化功能远高于城市实际功效。古代城邑、皇宫、王府、住宅等都与"礼"密切关联，"礼"便是法和规矩，"礼制"文化根深蒂固地植根于整个社会的潜意识，轴线、对称、等级依旧在当下的空间设计中不断出现，意识与空间相互交织影响，生产出空间知识和文化，不断影响社会的意识，并循环往复。

　　中华人民共和国成立之后，在生产资料公有制和计划经济体制制度下，为了改变经济落后的面貌，工业化建设被置于我国城市建设的主导地位，城市被视作落实该计划的空间载体，由此形成了以工业用地为主导的、计划配置各项用地功能的结构特征，构成了我国当时城市空间结构的基本模式。

　　随着信息化浪潮和交通技术的日新月异，城市空间结构形态亦将发生巨变，技术进步既提高了生产率，也使空间出现"时空压缩"效应，从集聚走向分散，但分散之中又有集中，呈现大分散与小集中的局面。

　　分散的结果就是城市规模扩大，市中心区的聚集效应降低，城市边缘区与中心区的聚集效应差别缩小，城市密度的梯度变化曲线日趋平缓，城乡界限变得模糊。城市空间结构的分散将导致城市的区域整体化，即城市景观向区域的蔓延扩展，从圈层走向网络。^①城镇群逐渐成为我国城镇化主体的形态。

综上所述，影响城市结构与形态的因素很多，城市设计者既应回溯历史，寻求历史演变中城市稳定不变的"坚固内核"，也要前瞻未来。在信息和交通技术的变革背景下，城市生产生活发生翻天覆地的变化，城市结构和形态的演变正在以非常规的态势变化，唯有顺势而为、动态构建、调适完善，方能行稳致远。

6.4 相互适配

6.4.1 适应性

本章城市形态一节中谈到，城市在形态上的差异主要体现在组成、体系和构造三个方面，现实的城市空间在其组成、体系及构造的相互依存与限定关系中诞生。城市空间的稳定，意味着这三者关系处于一种稳定状态；城市空间的变化与不稳定，意味着三者的关系失衡。现代城市的空间变化可谓日新月异，处于不断演变当中，组成、体系和构造相适配才能使得空间变化良性有序，反之三者相互抵牾，则城市通常会陷入混乱和不稳定当中。日本的大谷幸夫在《城市空间设计12讲》中就以日本近代的城下町的发展为例来说明这一问题。

日本明治之后城下町（日本以旧城郭为中心所形成的都市）进入快速发展阶段。城市发展首先改变了组成元素，如行政厅（行政机关）、新式学校、军队、工厂等近代国家及城市的新的功能要素出现，并建造在与城堡或城市相邻的田园区域。然而这一时期并没有进行道路交通构造元素的匹配，交通一直是发展的瓶颈。直至日本大正时期，城市交通路网及轨道系

① 周春山. 城市结构与形态［M］. 北京：科学出版社，2007：224-225.

统跨越了原城下町，城市构造发生改变，交通问题随之缓解。然而好景不长，交通沿线的近代城市的住宅地区、商业区、工厂等蓬勃发展起来，组织形态连绵成片，陷入无序和膨胀的状态，构造上的改变使得原有地域的体系形态变质和解体。

这也可以说是我国近代城市发展的一个缩影。简而言之，其实质是构造的改善没有跟上组成的变化，在建造新的组成要素时，选址和构造并没有充分考虑到已有的城市空间体系。时至今日，这种倾向在现代城市中也没有完全被消除，三者的龃龉不合造成城市整体的混乱和不稳定。因此在城市设计的时候需要考虑到空间组成、体系和构造的相互作用和协调适配。

6.4.2 动态调控

城市空间处于不断变化过程中，组成、体系、构造就需要不断优化调控，这和沙里宁有机疏散理论如出一辙。有机疏散理论认为，既然城市犹如有机体，其形态自然就会生长、发育、成熟和衰落。健康形态由于能保持动态平衡和自组织特性而得到稳固，当这种"有机秩序"被打破时，形态形成"病态"，而当规模增长超出一定界限，循环和自组织功能衰退时，城市就病入膏肓。病态无论发生在细胞的细微组织中，还是在今天因为拥挤混乱而造成贫民区蔓延的大城市心脏中，结局概莫能外。此中病因实则也源自组成、体系、构造三者之间方枘圆凿、互相掣肘。城市病的诸多问题，大多缘于三者矛盾，唯有动态调控，有机疏散"聚集的病灶"，才能再造三者的动态平衡。如何构建组成、体系、构造三者平衡并与空间演进相适应，这是城市设计首先解决的重要问题，城市空间变动不居，答案也自然无法固定。

6.4.3 综合形态设计

近代城市的混乱现象是由其组成的急剧变化和膨胀所造成的相互抵触、体系不协调、城市构造的崩溃引起的。

19 世纪城市的这些问题直接催生了城市规划行业的勃兴。1898 年英国霍华德提出"田园城市"理论,其主旨在于通过重新建立城市空间体系架构,将城市密集的中心疏解出一系列独立的功能单元,以实现高效能的城市生活和清静优美的乡村生活有机结合的目的,从而以一种崭新的组成—体系—构造设计的思路,解决现代工业社会出现的种种城市问题。把城市和乡村结合起来作为一个体系研究,对现代城市规划思想的产生具有重要的意义。

20 世纪初法国建筑师戛涅(Tony Garnier)提出工业城市理论,主张在既有城市的内部对工业、居住之间进行严格的功能分区,通过便捷的交通组织来满足城市大工业发展的需要。工业城市形态理论奠定了现代城市空间功能规划布局的理论基础,虽然后来饱受诟病,但是在当时各类功能组成相互干扰混为一团、交通构造系统运行不畅、形态体系尚未有效构建的背景下,无疑有历史性的进步意义。

西班牙工程师索里亚·伊·马塔(Arturo Soria Y. Mata)提出"带形城市"理论,主张城市形态沿一条高速度、高运量交通的轴线向前发展,以城市交通构造发展为先导,无限长度延伸城市而规避城市宽度阈值的问题。尽管这一理论因可操作性差而效果不彰,但这种理论对以后城市分散主义有一定的影响,并引发后来者关于城市形态如何适应城市功能发展要求的不懈探求。

20 世纪 90 年代后,随着交通技术翻天覆地的变化,城市结构与形态研究向区域化的发展明显加强,城市群和连绵城市带的提出极大拓展了单个城市的形态研究尺度,代表人物有道萨亚迪斯(Doxiadis)、戈特曼(Gottanman)等。同时迪克奇(Dickey)、布洛齐(J. Brotchie)和卡斯特尔(M. Castells)关注了后现代社会城市结构与形态的转型理论。卡斯特尔更是强调未来城市的空间结构是建立在流、连接、网络和节点的基础之上。列斐伏尔、富勒认为城市结构与形态具有历史动态演变的属性,不同经济社会背景下的城市结构与形态往往呈现出不同的特征。沃肯吉(Mathis

Wackernagel)、瑞斯（Willian E. Ress）提出"生态足迹"（Ecological Footprint）的理论，认为生态资源的有限性决定了城市增长的极限。在城市快速扩张、中心区不同程度地出现衰退以及人们的场所感消失的背景下，相继出现了新城市主义（New Urbanism）、精明增长（Smart Growth）、紧凑城市（Compact City）等理念引导城市空间形态发展。

近年来随着信息化特别是大数据和网络技术的发展，城市空间结构与形态的发展和研究产生新变革，出现了许多新概念，如信息城市（Information City）、知识城市（Knowledge-based City）、智能城市（Intelligent City）；虚拟城市（Invisible City）、比特之城（City of Bits）等。

城市形态研究呈现百家争鸣、百花齐放的局面，城市形态并非单一因素研究所能毕其功，也并非单一模式研究方法所能覆盖全部，必须以区域的视野、秉承生态的底线、探析经济社会规律、运用信息社会的技术手段进行综合形态设计。形态设计应刚柔并济，突出刚性的底线框架，保留弹性的调适空间，进行动态的优化调整，不断适应城市功能的变化与发展。

6.5　可持续的形态结构

城市的形态结构反映的是城市的组织模式。在城市快速发展过程中，滞后的结构调整会导致组成、体系、构成三者失衡，造成一系列严峻的城市问题；相反地，激进、快速的改变，也可能摧毁城市"生长中的结构"和"规律性"。所以城市设计中构建城市的形态结构骨架是一项慎重的工作，构筑一个充满活力、可持续发展的形态结构，是城市设计工作孜孜以求的目标。

可持续发展的城市形态结构建构不能一蹴而就，而且也很难达到终极目标。城市空间结构通常滞后于时代，始终处于动态的调整过程中。此外，人类掌握的始终是"有限理性"，一如刘易斯·芒德福所指出的那样，人类用了5000多年的时间才对城市的本质和演变过程获得一个局部的认识，也许要用更长的时间才能完全弄清那些尚未被认识的潜在特性。

尽管人类了解城市始终存在一定的局限性，无法巨细靡遗地掌握所有的规律，但是从整个城市发展历史演变的脉络中，依旧可以梳理出可持续性发展的空间形态结构的基本特征。形态结构的可持续发展已经不再是单一维度的发展，而是结合资源、生态、经济、社会等多种视角的均衡模式（图6-3）。

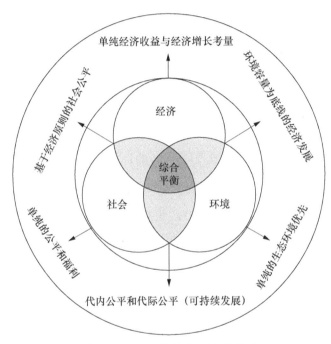

图6-3 城市可持续发展系统构成

同时可持续发展的城市空间形态结构存在的普遍共识有以下几方面。

（1）紧凑的多中心型城市

紧凑多中心的形态结构能有效限制城市蔓延。紧凑性是可持续发展的城市空间结构的一种重要设计理念，多中心是城市空间发展的一种趋势。

（2）空间发展自律自洽的城市

城市空间发展应是自律的，城市不可能不受节制地对外爆炸式增长，城市发展应更多地"内涵式挖潜"，而不是单纯地"粗放型扩张"；城市发展也是有序的动态调控过程，城市的发展既遵循内在的生产生活逻辑，也合乎未来的发展导向，城市始终处于组成、体系、构成三者良性互动的过程之中。

（3）建立"分形"结构的城市

城市空间不可能均质发展，必须建立一种空间次序或者秩序，形成"分形"（Frangere）结构。

城市的形态是多方力量共同形成的结果，是组成、体系、构成的关系体系，是时间维度的空间累积过程，是生活、工作、商贸、教育和休闲等城市功能活动形成的众多层级的网络叠加过程。城市可见的外部形态看似复杂多变，实则蕴藏了城市系统的结构规律。城市设计的一项意义就在于，对于城市的复杂性条分缕析，鞭辟入里，展示出它的结构的层级水平。在这些层级中，对一些连贯的层面梳理出一种稳固排列方式，设计出"高一级要素按照明确规划分解成低一级要素"[1]的良性的结构，层级排列次序将空间要素按照出现的频率大小连接起来，由此构成了分形秩序。比较典型的案例是奥斯曼的城市规划（图6-4），建立星型骨干交通网络，城市形成层级，同时接受和梳理新的断面和旧的网格叠加造成的极度不规则结构，从而形成分形秩序。尽管奥斯曼规划在规划史上褒贬不一，然而用历史的眼光看，此举使得巴黎适应了交通变革和经济发展，是基于帕累托分布的层级分形结构。

（4）多样性的有机城市

可持续的形态结构应能激励多样化的城市活动，这就要求：① 混杂的城市用地，城市组成间相得益彰；② 多样性的城市空间，满足城市多样性的需求，减少空间分异；③ 多样化的文化，城市能促进不同文化背景的人群，如不同的民族、宗教信仰、语言和年龄的人，相互交流、相互学习、增进了解，减少社会排斥；④ 紧凑的尺度，这意味着更多异质的事物、人群集中在有限的空间里，有利于城市不同阶层的沟通交往。

---

[1] （法）Serge Salat. 城市与形态：关于可持续城市化的研究［M］. 陆阳、张艳译. 北京：中国建筑工业出版社，2012：66.

图 6-4　奥斯曼巴黎规划

（资料来源：（法）Serge Salat. 城市与形态：关于可持续城市化的研究［M］.
陆阳，张艳译. 北京：中国建筑工业出版社，2012：86.）

（5）具有高效、公平的交通体系的城市

　　紧凑、密集的城市空间通过高效的交通网络形成分布式、高密度的城市
形态，公共交通是主要的出行方式，形成公共交通导向的发展模式，同时
城市公共交通与个体不同的交通模式和谐共存。

7

功能秩序

7.1 两种范式

城市存在的本质是城市功能，其决定了城市发展动力。城市功能秩序来自两种范式，即"自下而上"（Bottom-up）需求导向和"自上而下"（Top-down）政治导向。

所谓"自下而上"，指城市遵循有机体的生长原则，反映不同人群的不同意愿和真实诉求，融合当地文化习俗，结合自然特点，慢慢累积的过程。其通常没有统一的规划思想，而以服膺生活理性、浸润地域文化、适应经济和地域条件为特点。

此类城市相对内向、自足，以一种对外界依赖程度最小的方式生存，社会成员基于共同的血缘、传统、语言维系在一起，并有大致相同的价值观念，这基本上是自然经济状态中的城镇模式。

这种城市存在自组织功能性质，系统内部各要素之间在长期历史磨合中能自行按照某种规则形成一定的结构或功能，使得无序的初态向有序的状态演化。城市空间中不同年代、不同风格的建筑并存，城市结构呈现一种典型的"渐进主义"的特点，城市形态的发展是一个"合生过程"（Process of Accretion），城市形成内生功能秩序。

"自上而下"的功能秩序，是指依照某一阶层甚至个人的意愿或理想模式设计和建造的城市，其功能和秩序主要是人为设计出来的，并且以一种法定的规划设计准则保证其实施。这种城市通常有一幅反映理想的"终极蓝图"（End State），政治或宗教的功能常成为主导因素。

总之，"自下而上"的城市功能近乎来自一种行为主义的方法，即来自居民真实诉求和过去的建设经验基础上，基于条件反射及文化习俗，反复尝试、逐步改正随机性获得惯常和习性。

"自上而下"的城市功能则主要来自格式塔心理学方法，是知识和信息所建构的整体式设计，着重体现社会组织的特点和结构的要求，它常常是由少数人制定规划和标准，更多地体现了技术理性和政治理性组织的观念。

如果说"自上而下"城市功能来自"形态决定论"（Physical Determinism）的过程，那么"自下而上"的功能实现则源于多因子共同作用、相互关联、互为制约的随机过程（Stochastic Process），这是两种城市的深层差异所在。[①]"自上而下"和"自下而上"两种范式，自古以来并行不悖，其在历史中各擅半场，然而现代性开启之后，"自下而上"模式越来越受到压抑，几乎萎缩一隅。

7.2　现代性开启

现代性开启之后，"自上而下"和"自下而上"两种范式开始渐行渐远，终于形成难以弥合的鸿沟，"自上而下"逐渐成为主流范式。

现代化、现代性与现代主义可以追溯到 17 世纪寻求进步、理性和科学，走出传统、破除宗教、迷信和神话的启蒙运动，其充分被释放是在 18 世纪后期的法国大革命和 19 世纪初的工业革命的双重作用之下。

现代化指的是科学、技术、工业、经济和政治革命所引发的创新过程，也是影响城市、社会和文化的过程。现代性内涵丰富，简指现代化渗入日常生活，生成新的世界和新的感受力，如波德莱尔（Charles Pieer Baudelaire）所观察的，城市生活焕然一新，以短暂、易逝、偶然为特征，具有速度、流动性、新颖性和易变性。

安东尼·吉登斯（Anthony Giddens）认为，现代性由抽离化和反身性（Reflexivity）两个过程强有力地推动，生活的各个方面在加速商品化、官僚化和制度化。抽离化，即传统的做事方式被抽离，在不断变化的过程中被新方式所取代；而反身性意味着人们接触的媒体、教育、专家等这些实践中的"共同知识"，在现代性运行语境中持续地改变和颠覆生活的各个领域。

---

① 王建国 . 现代城市设计理论和方法（第二版）[M]. 南京：东南大学出版社，2004：32.

现代化引发前所未有的速度和领域的变化，时间和空间成为抽象实体的方式。

随着工业体系和钟表的出现，人们的日常生活不再日出而作，日落而息，而是以时间形式为行动的主要参考架构，依照"机械时间""……越来越使我们自己和由自然控制的'有机的和功能性的定期性'相脱离，并被由时间表、日程表和时钟控制的'机械性定期性'代替。"①

现代主义植根于集体主义、标准化和社会平等主义的理想。批量生产和新材料的发明被视为实现了物质产品的民主化。现代主义由此坚信新技术进步的无限可能性，发展出理性主义哲学，并深刻影响建筑规划领域，例如路易斯·沙利文提出"形式追随功能"和密斯·凡德罗提出"少就是多"。关于建筑与空间，现代主义认为"他们的新建筑和城市规划的新概念，不仅仅是表达新的审美意向，而是其帮助创造新社会的先决条件和实质"。②

经济领域商品化、工业领域标准化、社会领域快速化、政治领域官僚化、知识领域理性化、生活领域秩序化、城市空间密集化，这些都终于导致"自上而下"的功能至上的城市规划设计的出现，所以柯布西耶的现代主义观点和《雅典宪章》的功能主义主旨其来有自，和现代性开启之后社会领域巨大的嬗变关系密切。

7.3 毁誉之间

柯布西耶和《雅典宪章》功能理性主义被褒之者奉为圭臬，被贬之者视为"敝屣"，过与不及都有失公允，功能理性主义是时代的产物，皆源于现代性潘多拉盒子打开后的巨变背景，每个人都被时代的大潮裹挟而下，无法置身于外。

柯布西耶是"现代主义"城市规划的领军者，早在年轻之时就言之凿凿：

---

① （美）保罗 L. 诺克斯 . 城市与设计［M］. 钱静译 . 北京：机械工业出版社，2013：26.
② 同上。

"设计与写作一样，应该建立在科学的、放之四海皆准的法规中。"其名作
"马赛公寓"和名言"房屋是居住的机器"即是"功能理性"思想和"机器
美学"观的典型反映。1922～1933 年间他提出"巴黎改建方案"，展出"光
辉城市"（The Radiant City）规划，并出版《光辉城市》一书，皆是从"功
能理性"来理解现代城市，主张运用新型现代技术以"集聚"模式（如摩天
大楼、立体交叉、大片绿地等）来改善城市，故其思想又被称为"城市集
中主义"。柯布西耶一生一直希望利用现代设计来为社会稳定作出贡献，利
用现代技术创造美好城市。其城市规划思想因为意义非凡而被彼得·霍尔
（P. Hall）称作"现代城市规划的《圣经》"。

柯布西耶在其著作《光辉城市》中强烈地表达了对传统城市的批判，认
为其无法匹配当今科学的成就和未来的需求。他对当下城市肌理的批评，
铺垫论证了他对"完美秩序"的陈述："蜿蜒的街道属于驴子，笔直的街道
才是人的路。"[1] 他用人性需求来证明自己对秩序的愿望，"秩序越是完美，
他（人）就越感觉愉悦……这种人造产物被称为秩序。"[2]

柯布西耶念兹在兹的"完美秩序"是"事急从权"的不得不为，还是"事
缓从恒"的刻意改变？我们可以从柯布西耶的《光辉城市》中窥见一斑。

"每天早晨，现代生活的焦虑和压抑如约而至：城市边界无限蔓延，城
市人口激增。新的城市在旧城上面叠床架屋，沿着街道两侧，旧日房屋已
经壁立如同悬崖，新建房屋却在其上累加悬崖的高度。所有的房屋都面朝
街道，街道成了城市的基本器官，而房屋则个个雷同，无限重复，好像一
个模子里抠出来的：街道生活令人备感厌倦，吵闹、肮脏、危机四伏。汽
车大多数时间沿马路缓缓爬行，在人行道上挤作一团，彼此互不相让、磕
磕碰碰，横七竖八地堵在道路当中；那情景简直就像无意中瞥见了炼狱的
现场。路边有些建筑是办公楼；但无法想象，怎样才能在如此稀缺的光线
和如此嘈杂的环境中安心办公呢？绝大多数的建筑都是住宅；但这些街道

---

① （法）勒·柯布西耶. 光辉城市［M］. 金秋野译. 北京：中国建筑工业出版社，2011：92.
② 同上。

到了夏季就好像溽热的峡谷，试问有谁能在那里畅快呼吸？那里的空气，充满了尾气和煤灰，让儿童成长在这样的环境里，简直就是冒险行为，到处都充满了致命的危险。无法想象，试问谁人能在这样的环境里收获对于生活而言不可或缺的平静适意，能够安心享受片刻轻松、发出快乐的叫喊、大笑、深呼吸或陶醉于晨曦之中？

整个世界都病入膏肓。重新调校这部机器势在必行。重新调校？不，那实在是太温柔了。在人类面前，如今出现了一种可能性，去进行一场空前的冒险：去建造一个全新的世界……因为已经没有时间可以浪费。对于那些大笑或讪笑的人、对于那些只给我们嘲讽鄙夷的回答的人，那些把我们当作神秘的疯子的人，我们没有必要跟他们浪费时间。我们必须目光向前，专注于建造一个新世界。"[①]

柯布西耶认为，当时的城市已经危机四伏、病入膏肓，传统城市与城市出现的功能和需求无法匹配，不建造一个"新世界"基本无解。面对生活的快速化和混乱化，在无法对人口进行疏散的情况下，用集中功能理性主义方式解题，基本就是应有之义，在当时情况之下几乎构成最优解，至于后来者诟病的"功能理性"导致的截然分明的功能分区以及忽略了人类心理诉求的"居住机器"布局方式等，都不足为凭，这是因为原初城市病的产生就是源于功能混杂，而柯布西耶建造的"居住机器"在面对大规模的城市人口涌进导致城市无序扩张之时，也别无他途。在高密度的中国城市中，人流、物流、信息流的高度集聚，同时也激化了各种城市矛盾，城市病层出不穷，凡此种种，与当年摆在柯布西耶面前的问题几乎别无二致。单纯依靠"自下而上"的自然秩序形成良性的城市功能显然是痴人说梦，只能采用"自上而下"的规划设计达成良性目的，实现城市整体的功能运转和运行秩序是首要的前提。"光辉城市"的主张在当下依旧有着很积极的意义，而不应被贬为尘埃，并贴上功能主义扼杀城市活力的标签，扔到历史的故纸堆里。

柯布西耶深知自己必将遭人讥讽，但依旧故我，他把早期倡导者的想

---

① （法）勒·柯布西耶. 光辉城市［M］. 金秋野译. 北京：中国建筑工业出版社，2011：91.

法理念都集合起来，如线形、扩展性、唯理性、功能分区、现代交通运输、建筑技术、高层塔楼、分层的"立交桥式"十字路口、室内街道和"自动门"（图 7-1～图 7-3）。这些创新形式被柯布西耶宣扬为"完全颠倒了街道经济模式，改变了房屋和街道相互依存的布局和相互依赖的功能"。

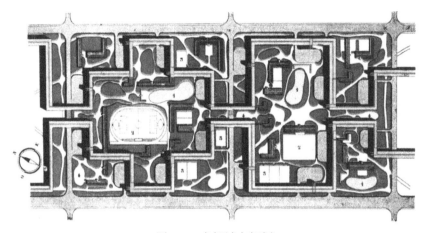

图 7-1　光辉城市规划

（资料来源：（法）勒·柯布西耶. 光辉城市［M］. 金秋野译.

北京：中国建筑工业出版社，2011：103.）

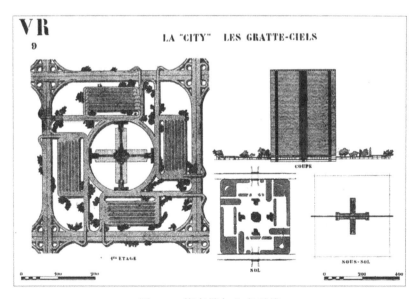

图 7-2　停车楼与立交系统

（资料来源：（法）勒·柯布西耶. 光辉城市［M］. 金秋野译.

北京：中国建筑工业出版社，2011：103.）

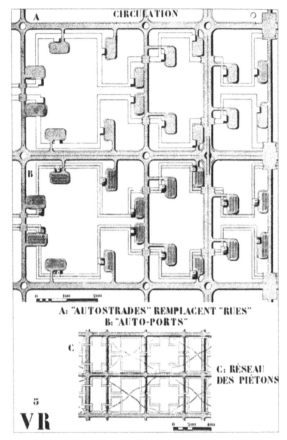

图 7-3 室内街道和交通门

（资料来源：（法）勒·柯布西耶. 光辉城市［M］. 金秋野译.

北京：中国建筑工业出版社，2011：103.）

　　当然"现代主义（功能理性）"规划思想存在大的缺陷也是不争的事实，明确的功能分区显然是矫枉过正，而"居住机器"的表述无疑缺乏更多的人性关怀。问题在于，现代主义城市秩序推翻了传统城市主义"自然"的秩序，是否就意味着城市功能和秩序就全然得到了改善？尤其当下规划者对于原有的运行良好的中心区、邻里街区进行几何秩序的形态改变，将一种陌生的形体强加到有生命的社会之上，改变传统地区系统的秩序，其结果常常导致"非城市"的产生。所以功能理性主义的最大问题并不在于理性的思维和功能区分的方法，而在于规划设计师自认为掌握了真理，洞悉了规律，可以睥睨一切、包揽一切、解决一切的心态。事实上城市的复杂性远远不能事先全部预测，何况城市系统也处于不断的变化当中，既然无法事无巨细、面面俱到地完全预测，又何苦去寻觅不知伊于胡底的全部答案。自从现代性开启以来，理性主义大行其道，以为世间万物皆备于我，这种理性自信认为城市的所有问题均可掌握，使得"自上而下"的精英规划天然成为"正规性"的规划，而历史传统的"自下而上"的城市自组织性和自建智慧则被漠视，甚至沦为"非正规性"行为。

7.4　非正规性

正如米切尔·瑞思尼克（Mitchel Resnick）所言，"集中的思维模式"是一种"偏向"，它使人们觉得在一些事件或有组织的事件背后一定有"独特的起因"、领导或者根源，而非集中的态度则被"忽略、低估和轻视"。[①]事实上，城市不是完全可预知的地方，而是一个复杂的，有时候甚至是没有秩序的系统。我们既无法也没必要完全洞悉城市的全部规律，不需要对琐碎或是过于复杂和高深莫测的城市领域皓首穷经钻研其所隐含的秩序，而只需做好规定性的框架，留有空间出来，交由非正规性自身的自组织功能去填充和定义秩序，并合理引导、控制、规范，需要在部分城市设计上"无为"——没有规划的秩序的理念，迈克尔·巴蒂称之为城市领域的"一次思维方式的伟大转变"。[②]

"非正规性"一词最初来源于20世纪70年代有关"非正规部门"（Informal Sector）的讨论，讨论主要集中在非正规经济领域。近年来非正规性研究在城市规划设计领域方兴未艾，越来越多的学者开始对于"自上而下"全能式的规划模式提出质疑，进而"委身而下"，在非正规性方面深耕挖潜，以反观正规性规划之不足。如果说"自上而下"的方法用了一种相对正式的控制

---

① （英）斯蒂芬·马歇尔. 城市·设计与演变［M］. 陈燕秋等译. 北京：中国建筑工业出版社，2014：13.
② 同上。

手段，亦即用的是政治、法律、技术、宗教信仰等途径，是一种"正规性"的设计方法的话，那么"自下而上"的非正规性相对于官方的正规性而言，是指官方正规控制机制的缺失或松弛，民间基于理性经济行为自发地、自下而上地，甚至是制度规范之外地建设活动。

在当下中国社会，城市普通居民通常是没有自建权力的，传统社会居民按照共同遵奉的社会准则、经济规律和礼俗，按照生活理性，基于地域特点的自建行为，慢慢变成不合法规的非正规性行为，"自下而上"的功能与秩序慢慢被贬抑。

事实上民间自我关照的建设活动虽然被压抑，但是却并永未止绝，作为一种基于居民的需求和生活理性的独特的城市实践和城市生活方式，非正规性具有一种自我生发的秩序，具有自我组织性并适时进化，看似混乱的非正规性建设，实质隐含秩序，甚至是精于计算。

所以要改变对非正规性的偏见和歧视状态，为其正名。城市的正规性与非正规性并非截然对立的两个世界，正规性和非正规性互为镜像，非正规性存在的逻辑正是正规性缺失的维度。当然非正规性的空间环境也存在脆弱性，非正规性的力量也包含危险性，放任自流的非正规性建设会造成城市环境的恶化。

尽管有关非正规性和自我组织的理念已经渗入城市规划学术界，但把这些理念转化成实际的城市规划或设计的有用策略仍未实现。应该说，非正规性作为一种研究视野，并不存在单一的理论，因其诞生于丰富多彩的生活世界，对其理解也应异彩纷呈、难以定格。种种城市问题，都需要具体问题具体分析，"一招鲜"的解决方法依旧陷落于正规性的窠臼。

7.5 构建动态边界

正规性和非正规性的讨论远远超出孰好孰坏的简单判断。事实上正规性与非正规性的矛盾就是一场"公共"与个人之间的微妙博弈。

　　总体上会产生三种情况：一是当正规性和非正规性同向时，会加速城市空间的良性发展；二是当正规性和非正规性相背离时，则阻碍或延缓城市空间良性发展；三是当正规性和非正规性处于可耦合状态时，通过对非正规性的不断调试和修正可促使城市空间稳步良性发展。毫无疑问，第一种情况是我们寻求的目标，第二种情况是要尽量避免的，而第三种情况则是城市空间发展中较为普遍的现实。

　　正规性表现为一种规划控制行为，非正规性表现为一种自发的过程，两种方式交织推动着城市空间的演化和发展。其耦合发展状态就是建立正规性主体框架，非正规性自组织填充的机制。

　　这种规划框架是在对城市现存结构和空间系统进行理性分析的基础上，找出其中隐藏的秩序，发掘具有主导效应的结构骨架，形成具有带动整体空间要素进行整合的联动体系，是城市空间格局中潜在秩序的自然表达。

　　正规性提供设计结构和框架，非正规性则创造有机秩序。当然如何很好地引导非正规性的自组织行为，就涉及关注日常生活逻辑和公众参与的方法及模式的问题。

　　事实上，"自上而下"的正规性与"自下而上"的非正规性可视为某种涨落机制。关注非正规性当然并不意味完全放任城市运行，非正规性存在很多的缺陷，忽视正规性的控制和引导，则会沦落为无政府状态，从而酿就恶果。处理两者关系只能以动态平衡来考量，换言之就是代表正规性的城市设计的合理边界问题。这个边界不应该是一个静态的边界、一个模式的边界，而应是采取多种类型的互动方式形成多方面动态平衡的边界。

8

日常生活

8.1 功能主义的忧伤

1950 年柯布西耶主持印度的昌迪加尔行政中心区规划，规划反映了其功能理性主义的思想。宏大的行政中心区，功能分区明确，道路等级清晰，各区域与街道全部用字母或数字编码，秩序井然，形成了一座纪念碑式的城市景观和高度"功能理性"化的城市特征，展现了城市政府崇高的新形象。建成后的昌迪加尔因其布局规整有序而广受赞誉。然而使用后却发现，清晰的功能分区、美好的规划构图、宽敞的街道和人们的现实生活格格不入，城市显得生硬机械，空间环境冷漠，空间分异加重，城市活力遭到极大的压抑。

问题并非在于分区本身，而是分区的应用方式。克里尔（Krier）认为存在"排他性"分区和"包容性"分区两种方式。在排他性分区中，"所有非必需的东西都被严格禁止"，这种类型的分区在很大程度上只是一个区分不同土地用途与功能的机械过程，除了满足一种秩序感之外，基本成为"例行公事"。相比之下，在包容式分区中，"没有严格的禁止活动"都是被允许和鼓励的，对环境不相容的甚至有害的东西才被排除在外。①

昌迪加尔规划无疑属于前者，无独有偶，巴西的巴西利亚城市规划也是如此。其超人尺度的行政中心区突显了崇高庄严的国家形象，然而这些非人尺度的形式只能在飞机俯瞰时才得以体现，设计师缺乏与生活于斯的人感同身受，也与生活常识渐行渐远。这些"非人性"的方面受到业内集中谴责，造成功能主义的遍地忧伤。

8.2 日常生活的琐碎

亨利·列斐伏尔（Henri Lefebvre）说过："我们无法抓住人的真实，我

---

① （英）马修·卡莫纳，史蒂文·蒂斯迪尔，蒂姆·希斯，泰纳·欧克. 公共空间与城市空间——城市设计维度（第 2 版）［M］. 马航，张昌娟，刘堃译. 北京：中国建筑工业出版社，2015：248.

们看不到他们就在卑微、熟悉日常的事物中。我们对人的找寻把我们带得太远，太深。我们在云端寻找，我们在神秘中寻找，其实它就在那儿等着我们，从四面八方将我们包围。"我们对于"真理"的寻找，找寻伊始便笃定其在远方，当我们"叫嚣乎东西，隳突乎南北"苦苦觅求之时，它却近在咫尺，而且不过盈盈一握。正是对于城市理想蓝图的执着追求，忽视日常生活可知可感的"细枝末节"，才导致一桩桩违背常识的规划实践的屡见不鲜。功能主义的过失就在于缺少日常生活的视野和常识，只有直面城市日常生活，我们才能营造出为人而不是为物的城市。

2007年作者曾对汉口汉正街区域居民自建进行考察，目睹了因日常生活的逻辑引发的各种自建行为，深深惊讶其博杂和浩瀚。在这里传统的规划和建筑理论常常水土不服，我们可以指摘其建筑诸多不合设计规范之处，但决不能批评其毫无章法；我们可以以形态丑陋讥讽之，但一旦深入内部了解实情，就会发现这几乎是当时情景下的最优解。

改革开放之后，当过度紧绷的国家控制由刚性控制变为柔性控制时，在市场需求的刺激之下，汉口普通民众展开了一场自我关照的自建运动。自建的动因来源于三种：谋利性质的加建、补充功能性质的改建以及介于两者之间。居民建造或者对既有空间修补和改进以使生活空间最大化地满足自身需求，或者竭尽所能进行加建或扩建，以获取最大的经济收益。他们解构了已有的设定了的空间，用各自独特的方式重新布局自己的功能需要。他们手中没有专业的知识、先进的工具，但他们非正规性的建造却创造出异彩纷呈的"奇观"。林林总总的自发设计全部源自日常生活的"底层逻辑"。居民自建的方法、动机、材料可谓千差万别，很难呈现一个全貌，本书列举六个案例，代表不同的建造目的、过程、方法、材料等，以求起到"见微知著"的作用（图8-1）。

① 见缝插针：这是一个见缝插针的自建住宅楼，建造在有限的基地上。这幢楼占地不足5米见方，却有5层。麻雀虽小，五脏俱全。每层都有客厅、卧室、楼梯、阳台、厕所，楼顶有可供晾晒和乘凉的阳台。户主把每

层分租出去，各为一家。其设计可谓紧凑住宅的典范。

见缝插针　　　　　随心随手　　　　　　　加建扩容

无师自通　　　　　改建拼贴　　　　　　　私搭乱建

图 8-1　六个案例代表不同的建造目的、方法、过程、材料等

（资料来源：梁书华 摄）

②随心随手：组成建筑立面的有各种要素，门、窗、楼梯、阳台、走廊、栏杆，用到的材料有金属管、塑料布、玻璃等。这些东西随手可得，都是来自居民的生活之中，有的甚至是废旧物资的再生和利用。随心所欲运用这些材料，虽然有如乞丐般的外衣，却围合成一个遮风挡雨的居住空间所在。

③加建扩容：加建是自建的重要形式之一，居民采用普通的材料和简单的技术手段实现自身的诉求。这是加建在房屋外立面上的方盒子，挑出约1.5米，而承重材料仅仅为角钢和木板，采用螺栓和电焊连接。加建出来的空间用作卧室功能，以弥补室内空间的不足。

④无师自通：加建楼梯是汉正街高密度居住形态下的一种常见现象。照片中建筑的户主把楼梯完全移置到室外，以扩大室内的面积。20世纪90

年代初期，钢楼梯开始在汉正街出现，由于它构造简单，易于制作，居民纷纷效仿使用。不过，这些楼梯大多没有遵循设计规范，尺寸有的会很极端。

⑤ 改建拼贴：由于房室内空间不足，厨房功能经常被住户移置到了阳台上。灶台安放在悬挑出阳台栏杆约半米的平板上，底下用角钢焊成三角形斜杆支撑。煤气瓶摆放在灶台边，下水管道使用阳台的雨水口。灶台的上前左右四个方向由铁板遮挡，有的开有窗洞。这样既能防风挡雨，又能排烟通气。整幢住宅楼的立面，有若干个不规则的突出的阳台，形成一种"积木"般独特的拼贴景观。

⑥ 私搭乱建：这是汉正街巷道常见的景观，两边是"握手楼"，顶上是"一线天"，而这狭长的"一线天"也经常被突出的雨棚和居民晾晒的衣物所占据。走在这样的巷道里，体验到的是一种阴暗的环境、一种压抑的气氛、一种极限状况下的生活境况。

功能规划主义将日常生活消减、垄断、覆盖、降格为均质和抽象的空间，正如列斐伏尔所言，"抽象空间是干干净净的，生活空间是充满矛盾、充满冲突的。你如果没有看到矛盾，你就没有看到真实"。我们每天的日常生活具体而微，各有各的逻辑，各有各的轨迹，绝非均质统一的，充满了矛盾和冲突，也绝无功能的截然分割，往往纵横交错，难分难解，城市也因此活泼，充满多样性和活力。在刘易斯·芒福德的眼中，这是一幅描述日常生活的画卷，"各种各样的景观，各式各样的职业，多种多样的文化活动，各种各样的任务的特有属性——所有这些组成的无穷的组合，排列变化，不是完善的蜂窝而是充满生气的城市"。[①]

8.3 日常生活的常识

列斐伏尔认为，"日常生活是由重复组成的""是生计、衣服、家具、家

---

① （美）刘易斯·芒福德. 城市发展史：起源、演变和前景［M］. 宋俊岭，倪文彦译. 北京：中国建筑工业出版社，2005：356.

人、邻居、环境……如果你愿意可以称之为物质文化"。^① 日常生活是一种"真实的生活",是"此时此地"的非抽象的真实,是最为原始、最为基础的领域,它是每日例行的、重复的生活方式,是以重复性思维和实践为基础的活动领域,因而具有普遍性和常识性。日常生活蕴育常识,而常识即是日常生活的规律性表达。

一般而言,已经由无数实践经验证明的、为绝大多数普通人接受的、不言自明的基本道理,被称为常识,然而在城市建设中,犯常识性错误并不鲜见。

雅各布斯(J. Jacobs)在《美国大城市的死与生》一书中,针对规划建设领域的常识性错误进行了猛烈的抨击。她在书的导言开端就声明:"主要讲述一些普通的、平常的事情……"在她看来,美国 20 世纪 50~60 年代城市改造中出现的错误,特别是乱拆旧区,代之以单调乏味的新"超大街区"的规划行为,就犹如用愚蠢的放血疗法去医治百病一样,根本就是"有悖常识、一般经验和理智"。她认为城市生活本身是多样化的、丰富的、复杂甚至混乱的,所以机械的功能分区、盲目改造城市肌理的规划行为是完全谬误的,因为这违背了生活的基本常识。

费尔南·布罗代尔指出,历史的结构是一种"日常生活的结构",日常生活是由那些人们在历史时空中几乎不加注意的小事构成的。这些每日发生的事情是不断重复的,它们越是不断重复就越成为一种普遍规则,毋宁说是一种结构。它渗透到社会的各个层次,并规定了社会存在和社会行为的各种方式。这种日常生活的结构限定了社会日常各种活动的可能范围,它是一种长时期的历史现象。在年鉴学派的视野里,人们的日常生活及隐藏在其背后的心态、动机、习惯等长时段的、结构性的东西,才是解读社会历史发展变迁的决定性要素。

我们应该摒弃现代主义的"宏大叙事",而把与每个人的生活息息相关、构成我们每个人之根基的日常生活世界映入理论和实践的眼帘,城市设计

① H. Lefebvre. Everyday Life in the Morden World [M]. New York: Harper & Row Publishers, 1999: 21.

理论与实践应该根植于日常生活，并保有健全的常识感。

8.4 日常生活的设计模式

克里斯多弗·亚历山大（Christopher Alexander）在 1977 年从空间模式中发展出一套"模式语言"，对他来说每一项设计任务都可以分解为一系列相互处于一定关系下的基本模式，每一种模式首先可以作为一个单元来设计，然后再与其他模式一起组合成为完整的解决问题的方案。这种"模式语言"的组合是按照类似于"语言"的规则实现的：单词相当于模式，语法规则相当于模式之间的关系规则，句子就相当于整个解决方案，而句意就是设计的目标或者实践的意义。

这一由 253 种模式组成的语言涉及生活空间的不同尺度层级，这些层级包括区域、城市、开敞空间、道路、街坊、公共空间、建筑群、单体建筑物、室内及其构成空间的元素、构造、细部、颜色和装饰等。这些模式是开源状态，一如语言的词汇在不断地增加和改变，模式语言也可以不断创新。253 个模式可以创造出千变万化的组合方式，这些模式还可依据具体的情况加以完善或修正，并互相进行协调。

值得一提的是，亚历山大不去区分建构"空间性组织"或是"社会性组织"，而是熔于一炉。最终，亚历山大试着去寻找一种在大部分组织中都能找到的、简单普适的形式和关系，它们产生于社会结构，且能为大部分人所理解，每种模式都可以被视为一种"日常生活"的典型范式。

《模式语言》英文是"*A Pattern Language*"，前面是冠词"A"而不是"The"，这表示不存在一个特指的模式，不存在一种普世语言，每一个地区都有不同的方言，都需要寻找自己的模式语言。《模式语言》谈论的都是常识，例如庭院里、处于庭院的一角、在看不见的角落最好有个座椅，有一定的私密性；再例如早餐时餐厅里应该有让朝阳射进来的一种环境等，这些都是对生活的规则和逻辑的一种描述。模式语言规避了设计语言的局限，语言一旦落入言诠就丧失了大量的信息，用一组元素系统构成替代单一元素设计方法，其丰富的内涵性不言自明，而且 253 种模式只为每项设计任务提供了一个基本的框架，这些模式还要依据具体的任务情况加以完善或修正。这使得缺少常识感的放之四海而皆准的普适设计原则得到了消解。既然日常生活丰富无常，任何针对其的固定设计方法无异刻舟求剑，源于日常生活经验性和规律性的模式语言的设计方法就成为最好的经由之道。

9

设计理性

保罗·德森（Paul Diesing）在《社会中的理性：五种决策类型及其社会条件》一书中提出，理性是一种秩序（Order），根据每种秩序要解决的不同问题。他划分了五种不同的理性：社会理性、经济理性、技术理性、法律理性和政治理性。理性并不仅是遵循现成的规则，是加减计算，更重要的是创造规则和秩序，理性"本身是它所创造的秩序的创造物"。[①] 如果将经济理性归于社会理性的范畴，法律理性归于政治理性的范畴，五种理性可以简化为技术理性、社会理性、政治理性。

城市设计在西方国家已经形成大量的理论与实践，大致形成四种类型和阶段。在我国也有三个主要类型和阶段。这些不同的类型和阶段，是在不同理性主导下的不同结果，在三种理性的变迁与博弈中，衍化出不同的方式和路径。当然这些类型和阶段也并非界限分明，往往相互交织，构成一个时代背景下的"空间生产"。

9.1 西方城市设计理性的发展历程

9.1.1 政治理性主导阶段

此阶段主要发生在政治集权背景下的城市新建与改造，典型案例是奥斯曼从1853年开始的巴黎规划，主要方式是在城市总体层面建立一套切口（Percée）系统，将城市切开，把大型纪念物如广场、火车站、重要公共建筑等联系在一起。这些要素在很大程度上"再现"了历史的一段"微妙"时刻，展示巴洛克式权力城市的特征。菲利普·巴内翰（Philippe Panerai）在《城市街区的解体——从奥斯曼到勒·柯布西耶》中讲述了这段历史，巴黎城市街区的历史变迁是权力意图与经济的机制隐藏在技术的理由之下，它以美学为掩护，以古典文化为参照，企图重塑古典体系的系统化形象。在城市中，轴线、纪念广场和纪念物系统的修辞学又回到了人们的视野之中。

---

① 常健. 论经济理性、社会理性与政治理性的和谐［J］. 南开大学学报（哲学社会科学版），2007（5）.

菲利普·巴内翰认为奥斯曼对巴黎的景观进行干预和对贫民窟的大规模清理的根本原因有两个：一方面是为了维护法律与秩序，其管理民众与管控暴动的战略目标是很明确的；另一方面也是为了促进贸易与商业的发展。城市规划设计与权力、社会控制相联系，这是政治理性主导的模式。

9.1.2 技术理性主导阶段

20 世纪工具技术理性（Instrumental Technical Reasoning）大行其道。工具技术理性是科学技术和理性自身的推理模式，该模式将目标与手段、证据与结论密切关联，对最有效的途径实施越来越精确地计算，对效率的追求是其核心。哈贝马斯（Habermas）认为科学理性和工具理性已经牢牢嵌入经济和政治生活中，成为抽象系统影响现实世界的工具。

20 世纪开始，城市设计领域亦诉诸自然科学的方法，认为根植于数学方法的理性思维能够包治社会领域的百病，同时在决策过程中，通过技术行为也可以将设计师从价值判断中解放出来，使设计师有足够的技术能力预测和管理未来。

尤其到了 20 世纪 50～60 年代凯恩斯主义盛行，在国家主导下综合社会科学、经济学、统计学、数学以及系统工程学等许多领域的综合技术理性方法相继出现，在研究方法上采用量化的方法来研究城市领域中的问题，用各类计量模型来描述、预测城市的方法流于滥觞。

技术理性主导的这一阶段，借助计量方法和多学科综合求解确实解决了许多问题，然而质疑和诟病也日渐增多。例如，林达多姆（Lindblom）就怀疑规划设计师并无足够的能力分析人类尚未完全认识的复杂的城市社会现实，提出"有限理性"（Bounded Rationality）和渐进式规划理论（Incremental Planning）。

1977 年斯戈特（A. J. Scott）和罗维斯（S. T. Roweis）在其发表的《城市规划的理论与实践》（Urban Planning in the Theory and Practice）一文中，针对大量基于计算机辅助模型的分析进行激烈批评，称其理性和系统规划理论、方法和内容虚无和空洞，与其称之为抽象的分析概念（Abstract Analytical Concept），还不如直接称之为一种社会历史现象。[①]

因此，以技术为名的技术理性貌似符合理性和逻辑，在社会领域却并非万能。城市社会不是工程技术人员设计的逻辑结构，而是包含逻辑和非逻辑的因素及其相互关系的体系。城市规划设计是一个充满价值判断的过程，借助客观实证和数学计算模型来描述城市社会中的千变万化是无法完全奏效的。

9.1.3 社会理性主导阶段

20世纪80年代初德国的哈贝马斯在《交往行为理论》中提出了一种交往理性，城市规划设计方法论为之一新。他把理性放到广泛的人际交往的关系网络中去考察，主张在生活世界中通过对话交流、交往和沟通，使人们之间相互理解、相互宽容，从而达成共识或合意（Consensus），达到思想上和行动上的一致。虽然这种一致的结果可能不是最优解，但因有广泛的社会基础故而是合理的，规划设计面对复杂的社会系统更依赖于社会理性。

该理论投射到规划界，以美英著名学者约翰·弗里德曼（John Friedmann）、朱迪思·E·伊纳（Judith E. Innes）、P·赫利（Patsy Healey）等为代表逐步建立起交往型规划设计（Communicative Planning）的基本框架。

该理论强调在城市设计中的公众参与与流程设计，平衡和协调各方的利益，认为城市设计是在各个团体追逐自身利益最大化时寻求相互妥协和共识的过程。受此影响，公众参与理论从20世纪80年代以降成为学术界和实践中的"显学"，一度是研究的热点领域。

9.1.4 理性博弈阶段

19世纪70年代以来，新自由主义在国际经济政策上扮演着越来越重要的角色。新自由主义主张市场原则、权力分散，反对官僚主义，受此影响

---

① SCOTT A. J., ROWEIS S. T.. Urban Planning in the Theory and Practice [J]. Environment and Planning A: Economy and Space, 1977(10): 1097-1119.

各类理性因而博弈，产生不同的城市设计类型。在多重理性思维中，城市设计因其面对的问题不同、背景不同而内容不一、手段各异。

选取这一时期的英文文献进行分析，CiteSpace 的结果显示，环境科学与生态（Environmental Sciences & Ecology）、城市研究（Urban Studies）、环境研究（Environmental Studies）、地理（Geography）与工程技术（Engineering）等专业领域更关注城市设计问题。这些领域基本涵盖了城市设计从理念框架构建、空间形态设计、生态环境整治、项目建造到投入产出测算、公共事务管理、社会效益评价的各方面。这表明，城市设计实践是一项涵盖广泛的系统工程。

值得注意的是，法国的列斐伏尔成为影响力较为突出的学者，他力图为西方经典马克思主义开拓"空间"与地理学的维度，其"空间生产"（The Production of Space）理论系统阐述与解释了城镇空间的建造、发展、更新背后的原因，是理解政治权力、资本运作与城镇空间关系的理论工具。他认为空间应该理解为一种社会秩序的空间化（The Spatialisation of Social Order），城市设计的过程与模式是一种政治经济制度的"空间生产"，城市设计的模式与过程本质上首先是政治与经济制度的过程与产物。这也表明西方国家对于城市设计的共识基础已从原有的"物质空间决定论"和"技术决定论"转向解释影响空间模式背后更为深刻的政治经济制度。政治理性和社会理性成为城市设计的主要影响因素，而政治权力和社会理性共识基本就是一个时代背景的反映，是时代互构的产物。城市设计本质上就是时代的产物，城市设计研究必须要紧扣时代国情和所处的阶段。

9.2 我国城市设计的理性历程

9.2.1 舶来的技术理性

在城镇化水平未达 50% 之前，我国城市发展主要是增量发展模式，规划设计通常基于"空地",其设计过程较少考虑复杂的社会现实,相当部分的社会经济领域的理论并没有得到规划设计学界的重视,"物质决定论""技术理性"契合我国当时的发展现实,"功能""形象"等物质空间因素作为城市设计主要的考虑对象。在本土理论与方法付之阙如的情况下,一些国外的此类理论文献被引介而来并在国内流布甚广,例如,柯布西耶的"现代主义"理论、凯文·林奇的"城市意象"(The Image of the City)理论等,在国内实践中几乎言必称之。技术理性和物质决定论是它们共通的价值观,认为城市发展中的问题解决都依赖于一套良好的、终极性的物质环境设计蓝图,这几乎构成了之前我国对城市设计的主流认知。

9.2.2　主导的政治理性

随着我国市场经济体制以及土地财政制度建立,尤其随着旧城改造如火如荼的展开,城市设计主要是由政治理性和经济理性相互作用推动的。城市建设通常是政府主导下的开发商开发模式,政府要么将亟待改造的土地全部交给开发商进行整体规划设计,开发商根据自身利益去进行房地产开发(又称毛地出让);要么政府做好居民的搬迁安置,进行总体城市设计、土地开发和市政设施建设,然后实行土地招牌挂,由开发商组织进行设计、建造和运营(称净地出让)。

这些模式的基本路径是大规模推倒重建,因而遭到业内专家的广泛诟病。批评"城市记忆和肌理毁灭"的有之;[①] 呼吁"保护弱势群体,在政策体系内寻求制度性、程序性的弱势群体利益表达和利益保障机制,实现社会良性"的有之;[②] 呼唤"改造转型,采取政府主导、多方参与、有序渐进的旧城改造模式"的亦有之。[③]

---

① 单霁翔. 从"文物保护"走向"文化遗产保护"[M]. 天津:天津大学出版社,2008.
② 卢源. 旧城改造对弱势群体的影响及规划保护对策[D]. 上海:同济大学,2003.
③ 金崇斌. 政府主导、多方参与、有序渐进的旧城改造模式——以蚌埠为例[D]. 上海:同济大学,2008.

9.2.3 理性的复杂博弈

党的十八大以来，随着新型城镇化的提出，城市不能重复过去"追速度、拼规模、求扩张、耗资源"的老路，必须重新认识城市有限的资源，以新的资源观寻求可持续发展之路。上海、北京的城市总体规划提出建设用地"零增长"的目标，目的在于盘活存量用地，发掘建成区被忽略或不够高效的资源，进一步激发现有环境的活力。存量空间规划设计提到议事日程，成为热议的话题。

存量空间规划设计以现有城乡建设用地为对象，通过城市更新改造等手段促进建成区功能调整优化，其目标是将"区位"转移给最优的使用者。在民主意识日渐深入、物权保护日趋严格的情形下，传统的"推倒重来"的旧城改造范式必然要调整，尊重社会理性、重视公众参与成为必由之路。

党的十九大提出构建"共建共治共享"的社会治理模式，充分调动社会各方力量参与社会治理，政治理性逐渐吸纳社会理性部分，形成一种"善治"。城市设计尤其存量城市设计不再是独奏者的舞台，规划的"利益相关者"成为影响决策走向的重要力量，城市设计也逐渐从绘就未来蓝图变成动态的过程调控。

与此同时，随着"数字地球"、移动互联网乃至人工智能的日益发展，新技术正在深刻改变城市设计的专业认识、内容程序和操作方法。"如果适时而恰当地运用数字技术理论与方法，建构'基于人机互动的数字化城市设计'的范型，这正是'理性规划'在城市设计领域的应有内涵。"[①]王建国先生提出的基于技术理性的城市设计架构也使得城市设计别开生面。

因此，我国城市设计受各类变量影响，所面对的对象和内容发生了较大改变，已经进入复杂博弈阶段，政治理性、技术理性、社会理性交织在一起，原有的理论基础、方法应该重新审视，甚至需要"范式"的转型。

---

① 王建国. 基于人机互动的数字化城市设计——城市设计第四代范型刍议 [J]. 国际城市规划, 2018（1）.

9.3 内容合集

"城市设计是研究城市环境可能形式的市区设计（City Design）"；[1] "城市设计是在城市文脉中理解人与空间相互关系的过程，它是更新城市生活和发展城市三维形态的一种策略"；[2] 同时城市设计也是"寻求制定一个政策性框架，该政策框架是城市开发的真实的三向度物质设计指南"[3]……城市设计定义的多元性实则源于自身的多重属性，是技术理性、社会理性、政治理性的综合集。

9.3.1 技术理性合集

技术规则是作为一种目的理性的活动系统，是城市设计专业范畴内的重要内容，技术路线明晰就可以形成较为稳定的技术成果。2000 年英国的建筑与环境委员会（CABE）在《By Design，Urban Design in the Planning System：towards Better Practice》一书中，提出城市设计七大目标是：形象可读性（Legibility）、空间特性（Character）、连续性与围合感（Continuity and Enclosure）、场所的适应性（Adaptability）、场所的多样性（Diversity）、交通可达性（Ease of Movement）、公共领域品质（Quality of the Public Realm）。城市形态控制八大维度是：城市结构（Urban Structure）、城市肌理（Urban Grain）、密度与混合度（Density and Mix）、景观（Landscape）、体量（Massing）、高度（Height）、细部（Details）、材质（Materials）。这些城市设计的目标与维度依旧是技术理性部分的重点内容。

除此之外，城市设计还应该吸纳相关学科技术，如土地效能和空间质量评价、建筑的改扩建方法技术、建筑节能技术、生态修复、环境保护等。

---

① Lynch K.. Good City Form [M]. Boston: University of Harvard Press, 1980: 35-79.

② BDP. Urban Design in Practice [J]. Urban Design Quarterly, 1991(8).

③ Hamid Shirvani. the urban Design Process [M]. VTVR Company Inc,. 1985.

总之，技术理性合集是实现目的的技术规则系统，是把通往目的性的过程整合到技术原理的可行性和技术规范的有效性中，既追求功效又内含目的，在此过程中形成的规则系统总和。

9.3.2 社会理性合集

社会理性是社会行动者的理性在互动过程中所建构起来的必然性。社会理性蕴含于社会的运行规律和社会的演进机理中。城市设计既然是空间利益调节的工具，就应将如何达成社会理性作为研究的重要组成部分。正如哈贝马斯在其交往行为理论中所揭示的，社会理性的达成在于不同主体间的交往合理性程度，这一结论也构成了交往型规划（Communicative Planning）的"元理论"（Metatheory）。交往型城市设计应开展多领域、多主体的协作，除设计师之外还应该依靠政策制定者（Policy Maker）如政府官员，城市经营者（City Manager）如开发商，最重要的就是利益相关者的参与。社会理性合集重点是建立对设计方案的参与机制，构建协商平台，制定参与流程与方法，控制关键节点，引导共识的形成等。

9.3.3 政治理性合集

这里的政治理性是从狭义上理解，主要指通过法律规范文件传达出来的目标意图和实践意义上的政府规划控制，既是一种维系城市设计进行的必不可少的机制，也是对社会成员和组织的社会行为进行指导和约束、对各类社会关系进行调节和制约的过程。城市设计的政治理性主要体现在以下几个方面。

① 明确地方发展目标——对当地的建成环境作出全面的评价，结合地方诉求预设未来空间的目标导向，明确空间环境质量和城市景观的设计愿景。

② 提高可操作性——充分利用现有的政策手段（如税收、土地政策等）来提高设计的可操作性，提高城市设计政策的兼容性，提高设计管理的一

体化水平。

③ 建立系统的设计原则——设计原则不仅要考虑空间美学，还要关注环境的安全性、舒适性、经济性和可持续性。制定城市设计导则（Guidelines），包括普适性的设计导则，也包含具有针对性、强制性的设计导则。

④ 建立常态化的实施机制——赋予城市设计一定的法律地位，并与行政管理、条例管理、自由裁量相结合，确立高效率、实施有力的审批流程；建立公平、公正决策的参与机制，以确保城市设计更好地实施。

城市设计过程关键要构建三大内容合集，一是技术理性合集，是跨学科耦合式的综合技术总集；二是社会理性合集，是达成社会理性目的的手段、程序、制度等的总和；三是政治理性合集，是实现总体调控、传导上位意图、落实法律法规等控制系统的总和。这三个方面的内容并非泾渭分明，而是互相交织、相互促成，实现综合目标。因此城市设计的内容并不存在固定范式，而应以问题导向和目标导向灵活调整，但三项内容却是缺一不可，是实现系统观与过程论目的的综合集。不同类型的城市设计决定不同的合集内容，能否达成社会共识以及达成何种程度的共识则决定不同的技术路线和内容重点。城市设计也是面向不同尺度和层面的，不同城市层面的合集内容侧重不同。通常城市整体层面重点在于实现"政治理性"，而地段层面则更多在于实现社会理性和技术理性。

总之，城市设计是一种基于理性原则的社会实践过程，三种设计理性内容是互补的而非冲突的，是可以辩证地统一起来的"三位一体"的过程框架。

10

过程与蓝图

10.1 历史回望

蓝图式规划是以现在了解和掌握的情况来事无巨细地建构未来几十年的图景，在逻辑上经不起推敲。然而在技术理性主导叙事、人类掌握科学利器以为无所不能的时代，规划史上的"过程论"显得姗姗来迟。

最早对蓝图式规划诘难的是林达多姆（Charles E. Lindblom）。他认为综合理性的决策者掌握了足够的解决问题的信息，能够精确地预测方案将产生的后果，还能对方案实施后的成本和收益作出正确的判断，这在实践当中是不现实的。他认为比较现实的是，决策者只采取措施来预见较为近期的过程，只需要部分地实现所制定的目标，并随着环境条件的变化和预见准确性的提高不断重复这一过程。决策应是有限理性，强调有限的目标和有限实施，并随变化而改变，从而具有更多的适应性。

林达多姆的过程理论导致了一种渐进式的规划决策模式。受此理论影响，西方发达国家的城市规划开始强调"动态"和"弹性"，即规划目标随着经济社会的发展变化而动态调整，规划模式也开始从刚性控制向弹性引导转变。

当然渐进式规划也存在缺乏长远考虑的弊端，艾米泰·艾泽奥尼（Amitai Etzioni）提出了混合审视（Mixed Scanning）的决策模式，对渐进主义理论进行修正，既包括了行动的目标性大框架的确定过程，也包含了向根本性的目标推进的渐进的决策过程，兼顾了综合理性主义理论与渐进主义理论。

此外，渐进主义理论依旧属于直线思维模式，即决策－行动－再决策－再行动的方法模式。城市是一个多元关系网络组成的多要素复合空间，在大多数情况之下，初始状态各复合要素之间的关系无法——洞悉，目标更是模糊不明，决策的理性也很模糊。约翰·弗里德曼认为，问题不在于怎样作出更为理性的决策，而在于怎样完善规划操作，在于理性规划过程的构想与实践。在此基础上，弗里德曼提出"以行动为核心"（Action-centered）的理性模式，即采用启发式探询的行动过程，以行动为先导，启迪思维网络，在行动中孕育决策，在决策中推动行动，淡化决策和行动的界限。

到了 20 世纪 80～90 年代，社会日趋多元化、破碎化、流动化，"过程论"被赋予更为丰富的内涵。一些规划设计师认为城市的规划过程应当是一种社会学习和社会动员过程。弗里德曼认为预测、规划以及实证理论在实践中并没有起到太大的作用，最成功的规划是一种社会学习的过程，这种学习实质上是一种交流，是专业与非专业的交流、个人知识与实证知识的交流、历史与未来的交流。

"规划是一个动态的过程"指的不单是规划面对的城市问题在不断变化，因而要相应动态地调整规划，也指的是规划过程是参与决策的利益各方博弈、学习、态度不断发生改变的过程，参与决策的过程中由于对问题以及对各方面的立场的深入了解，观点、态度、立场、认识也会发生改变，同时也孕育出新的构想，观点改变和新的构想的产生过程是规划过程的产物，这个过程是社会学习和积累社会资本的过程，是消除分歧达成共识的过程，这才是规划过程论的实质。[①]

10.2　历史结论

城市设计方法要有弹性和应变能力，应解构蓝图模式为目标框架下子目标的不断完成、评价、调适、完善的过程。评价体系是重要一环，它包括过程评价和结果评价两部分，通过评价不断反馈优化，城市设计因而具有应变能力和自组织特性。

我国城市设计思维方式还带有直线型思维色彩，即假定事件初始状态和最终状态均为已知。这种直线型的思维模式和城市现实并不相符，因而我

---

① 龙元. 交往型规划与公众参与［J］. 城市规划，2004（1）.

们的行为方式和思考方式应变直线思维为网状思维，在规划目标不明确的情况下，可以以行动为先导，做必须要做的事情，通过广泛的公众参与延伸知识触角，采用启发式探询过程，不断发现问题、解决问题、触发思路，推进城市发展。

设计过程是"社会动员"和"社会学习"的过程，是一个广泛的公众参与的开放体系，是在公共事务中组织公众意见和协调不同利益主体的过程。所谓动员指社会成员在交流互动中消除分歧达成共识，积累共同迈向目标的社会资本；所谓学习是指观念的碰撞、调整和渗透，同时孕育出新的构想。

城市设计缺乏弹性和应变能力，整体缺乏实效性和时效性。今后变革的重点是整体城市设计只从战略性和宏观把握，体现弹性和框架功能。地段城市设计尤其存量城市设计则视为社会学习和社会动员的过程，要具备有效的公众参与制度和公众诉求的途径，是设计过程论的实践环节。其重点在于建立公众参与制度和评价反馈体系，同时重视可行动性和政策的制定。

10.3 弹性设计

10.3.1 夯定框架

在城市的演变过程变得越来越复杂的当下，将空间作为产物进行研究的范式逐渐地转向把空间作为一个过程进行研究的范式。在此过程中不做蓝图式设计，但是一个坚实的理性框架非常重要。

城市不仅仅包括物质空间，在很大程度上，城市也是由社会网络和使用者共同组成的，归根到底是由人所决定的，即人作为参与者来制定、理解和落实设计方案，又通过自身的行动影响城市空间。因此，城市设计应该注重以下几方面。

① 提供一套坚实的空间框架，即使在背景条件发生改变的情况下也能始终有效；

② 设计确保为各方的参与过程留有推敲的余地，且不丢失根本性的设计理念；

③ 制定后续的沟通策略，从而使设计理念获得参与者的广泛认同。

10.3.2　过渡用途

城市生活一直处于复杂的、非线性的状态中，一劳永逸的蓝图式规划无法应对城市的复杂性和难以预测性。城市设计应该留有弹性和余地，以应对机械理性的刚性不足。

在空间功能的设定上需要弹性思维，倡导空间混合使用，充分利用城市各层面空间，建立起一种组织化形态的混合使用空间。空间混合使用的理念是对城市土地和空间使用的一种深化和延伸，是多层面、多功能、多方位组合的空间使用，具有更大的使用效益和灵活性。城市空间混合使用的类型有多种形式，例如多层面空间混合使用、多时间区段混合使用、多活动层次混合使用以及多功能混合使用等。

同时，城市设计时应留有弹性余地，充分调动城市的自调节和自组织机制，留有可调整和可再设计的余地，"过渡用途"的概念便呼之欲出。

"过渡用途"指的是"空间预设为某种功能，或者暂时空置，但并不会永远如此"的那些用途。这说明：① 过渡用途有时间限制，过渡用途是暂时性的一种预设；② 过渡用途处于变化当中，其功能的不断界定来自经济发展的期望、城市功能的有效运转、社会效益的有效改善等因素。

在我国城市设计的编制中，"过渡用途"还不曾被广泛使用过。但是，无论是作为开放空间用途还是作为建筑用途，无论是作为临时性建构还是作为战略性"留白"，"过渡用途"都将成为一种未来常见的设计实践现象。"过渡用途"重在提高空间使用效益、完善城市机能的整体运营，是一种空间设计的理念，并不是特定的设计模式。

10.3.3 开源型设计

"开源"一词源自软件开发，意味着公开程序或操作系统的源代码，从而出现了对于"制定程序或操作系统"进行干预的可能性。

城市规划与设计领域的"开源"意味着放开城市设计过程中每个环节的干预权。城市空间的用途不再事先决定，而是通过不同利益群体的参与，城市空间的用途不断地被进一步推敲优化。开源规划设计允许出现各种不同的观点和模式，且能有成效地加以整合利用。当然，建立"以过程为导向、不断更新的"城市设计并不意味着"全面解除对规划设计的管控"，开源的公共利益框架的基石不能动摇。

进而言之，"开源规划"是将城市作为开放性的系统，通过"广泛的可访问性"以及"持续的更新"而让自身变为与"城市需求"相动态适配的模式，一个网状连接的、可自由访问的规划平台构成其基础。这种城市设计的过程并不是通过蓝图规划所激发的，而是通过直接性的、持续更新输入的信息加以规范。城市空间设计过程由于有资格能力的不同利益群体的参与，而不断地被改善。城市的建设性因素能够积极地融入设计的过程，规划设计过程从而将经过持续的质询和监管，潜在的不利局面可被直接规避。规划设计师会成为规划过程的组织者，而不再是一直以来的方案制定者。

开源的参与性模式，其核心是规划模式中的"完全开放"和"自由访问"。问题在于，在不预设规划蓝图的情况下，能否产生一个稳定的、合作的框架，如何保证一个相对有序的讨论结构和参与者的信息对称，是开源规划面临的难题，这其实就涉及公众参与的模式与方法的问题。

11

公共空间

11.1　历史演变

"公共"（Public）一词源自西方，原意是指在古希腊城邦国家允许市民积极参与政治辩论，自由地发表个人意见，通过民主的程序制定公共政策。而在我国的古代文献中，鲜有"公共"一词的表述，"公"常常被等同于"官"，"私"等同于"民"，"公共"一词的内涵与西方语境中的本意有明显差异。

在西方国家中，城市公共空间具有开放性、公共性的特征，是城市经过规划和生长的产物。作为城市空间重要的组成部分，其形态在城市整体环境中占据着显要的地位。

而在我国，古代公共空间由于受封建等级制度和社会控制因素的影响发展缓慢，广场一类的面状开敞空间的形态，除非处于权力的俯瞰之下抑或作为威慑场存在，否则较少出现。代之更多的是"自下而上"发展，以满足世俗生活的街道空间为主体，街道更贴近市民的生活，是公共空间最直接且有效的载体。这种以城市街道为依托的线性延展式的动态公共空间，从宋代以后逐渐突破了城市"自上而下"的管理机制，虽然在城市中仍处于从属的地位，且发展缓慢，但依然具有划时代意义。直至西方文化进入我国之后，城市公共空间才开始被有意识地规划与塑造。

城市公共空间既是反映政治价值观的晴雨表，也映射了城市空间功能和城市文化内涵的变迁。不同历史时期具有的独特政治经济文化都对城市公共空间的形塑与发展产生深刻影响。

11.2　公共空间的意义

11.2.1　开放性

公共空间最大的意义在于开放性，开放空间在人类环境中发挥着重要的功能。城市开放空间可以被理解为支持或推动公共生活和社会交往的空间和场景。理想的开放空间应该是作为社会交往和沟通的公共场地，是作为社会学习、个人发展和信息交换的舞台。林奇认为，如果一个城市空间允许人们自由的活动，那么这个空间就是开放的。"开放性"是一个由多种"开放因素"组成的谱系，例如空间尺度的问题、可达性的问题，以及场所是否"意义中立"等问题。

公共空间因其开放性，成为不同阶层咸聚于此的空间，既是城市中生活品质的表现，同时也是集中展现当地社会状况的试金石。因此公共空间的特征在于特殊文化和生活方式的表达，同时它也受气候、传统、各自所处时代的社会图景以及技术标准的影响。

11.2.2 城市活力

汉斯·保罗·巴尔特（Hans Paul Bahrdt）认为，城市生活或者以公共性的聚集形式，或者以私人的形式发生。城市中存在着公共的和私人的两个方面，它们之间有密切的联系，而同时又保持了各自的"极性"。因此，城市基本上被"私人区域"和"公共区域"一分为二，两者之间界限相对分明，是在空间上和本质上都完全不同的两个区域。公共场合的行为具有联系的短暂性、公开性、开放性和多样性等特征，城市的活力主要来自"公共区域"这一极。①

城市公共空间是积极的公共开放空间，是公众可以自由进出且具有相当密度的有意义的场所，同时也应该是多功能的叠和的空间。这些公共空间为活动于其间的人们提供了一种多样化的空间环境，即具有多种活动内容和使人产生多种体验的空间环境。在这些地方，各种文化背景和社会阶层的人们，以不同的方式，在不同的时间，汇集于丰富多样的空间环境内，从事各自和相互的活动。城市因为功能的混合、人群的交织和空间的交混而具有勃勃生机。

① （德）赖因博恩．城市设计构思教程［M］．汤朔宁译．上海：上海人民美术出版社，2005：46.

11.2.3　社会交往

人们的日常生活除了居家生活以外，就是社会交往了。社会交往不单纯是人与人的关系，它包含了更广泛、更深刻的意义（如文化模式、心理塑造、宗教信仰等）。哈贝马斯认为诞生于市民社会交往的公共领域的出现对于西方现代化的过程起到的重要作用主要表现在对市民的主体意识、民主理念和公共批判能力的培养方面。人际交往构成公共生活的主体，也是城市生活的本源，城市始于作为交流场所的公共开放空间和街道，公共空间为公共生活提供场所或"发生器"。一个高质量的公共空间能吸引人们去体验并分享发生在其中的故事，在交往中促进交流互动，孕育参与社会活动意识；公共空间对个人而言，不仅起着精神愉悦的作用，而且起着塑造人们行为方式的作用，甚至在培育市民的公共性意识方面也起到关键作用。促进交往是当今城市公共空间设计的出发点，也是落脚点，是城市设计师在其设计中应该重视并力图体现的重要品质。

11.2.4　公共意识

我国古代城市大多是一种"城郭"的形制，封闭的"墙"成为"自我封闭"的内向意识的一种表征，乃至成为城市和国家意识形态的空间隐喻。这种封闭意识，深深影响着人们的思维和行为方式，助长了循规蹈矩的行为惯性以及按部就班的思维惰性。

中华人民共和国成立以来，单位制成为我国城市社会管理的基本细胞。单位大院小而全的管理单元，在改革开放后多年内，依旧对社会的组织价值观念和行为规范产生影响，导致当代城市中出现各种隔离空间以及封闭性"岛屿"，结果就是城市中弥足珍贵的"公共性"正在消蚀，制约了丰富多彩的社会生活。城市公共空间的意义就在于其把个体聚集到一个共同体中的能力，从而在聚集中孕育出"公共意识"。"公共意识"是每个人身上折射出的现代素养，标注了一个民族迈向现代化的文明高度。

城市设计的取向应从城市环境与实际生活的互动出发，以营造城市公共生活为核心，将"墙"化的城市负空间转变为生机勃勃、内涵丰富的城市公共空间。

11.3　公共空间设计要点

11.3.1　构建公共空间网络系统

公共空间网络是指将公共开放空间（如河流、湿地、山体等）与街道、广场、公园、绿地等公共空间相嵌合，形成总体的空间框架，是城市实质环境的精华、市民社会生活的场所，是城市独特魅力的源泉和多元文化的载体。公共空间网络加上城市相对持久的元素，组成了戴维·柯兰（David Crane）所说的"基本网络"。基本网络"构成城市结构，它影响土地使用和土地价值，土地的发展密度和它们的使用强度，是市民穿越、看到和记住城市以及遇见同伴的方式"。[①]

公共空间网络可以被看作一种基本性的框架或结构，是城市公共活动的载体，正是活动网络与隐藏在背后的服务以及在其内或毗邻的标志性建造物，外加上头脑中的意象，构筑了城市中相对持久的部分。在这个持久的框架内，单体建筑、土地使用和各种行为不断变迁，城市设计师需要认识到变化中的稳定模式。实质上构建城市公共空间网络就是识别不改变或缓慢改变的空间要素，并进一步拟合公共空间与城市功能系统的关系，加强联系性和整体性，这决定了城市的发展模式。

需要注意的是，传统社会交通的主要形式是步行或骑马，活动领域和公共空间有相当多的重叠。随着交通新模式的出现，公共空间被汽车侵占，而街道的社会属性被压缩以满足交通活动的需要。因此公共空间应尽可能

---

① （英）马修·卡莫纳，史蒂文·蒂斯迪尔，蒂姆·希斯，泰纳·欧克. 公共空间与城市空间——城市设计维度（第2版）[M]. 马航，张昌娟，刘堃译. 北京：中国建筑工业出版社，2015：94-95.

回归社会空间，步行活动与公共生活的回归的概念是一致的。城市中最重要的公共场所应该为步行者服务，步行系统与公共空间网络相耦合的设计方式，无疑是理想的城市设计模式。

11.3.2 塑造视觉秩序

公共空间设计应遵从视觉秩序原则。视觉秩序是一种源远流长、勃兴于文艺复兴的空间设计方法，它主要受传统美学的影响，将城市视作艺术品来进行设计建设。视觉秩序主要研究的是美学的比例、色彩、尺度、细节、材质等，属于物质形态设计的范畴，然而"视觉秩序"并不独立存在，需要同时研究的是城市形体环境中各个构成元素之间的"线"性关系规律，这些"线"涉及视线、交通流线、行为轨迹和心理变化历程等。芦原义信详细探讨了外部空间的布局、围合、尺度、视觉质感、空间层次、空间序列等一系列相关要素，提出了"空间秩序""逆空间""积极空间和消极空间"和"加法空间与减法空间"等概念。

拉普卜特（Laporte）在《建成环境的意义——非言语表达方法》一书中提出城市设计所能驾驭的物质环境的变化与其他人文领域的变化，如社会、心理、宗教、习俗等，存在着一种内在的关联性。视觉秩序关涉背后的市民精神诉求、心理活动、生理感受、地域文化等方面，其设计是无形因素的有形表达，这些都内在于空间的艺术感、秩序感创造当中。

11.3.3 健全的生态意识

随着生态环境日渐恶化，生态价值在现代城市发展与建设过程中愈加凸显其重要意义，遵循尊重自然、顺应自然、保护自然的法则，以生态意识介入城市公共空间设计，成为城市设计工作者必须秉承的原则。

生态意识的公共空间设计，首先应尊重场地特征，场地特征既包括实体的地形地貌，也包括地域文化等社会因素，设计应因地制宜，对自然山水格局、地域文脉、城市肌理、植物植被等保有敬意，尽量了解山水—社会—

生态内在的一体化逻辑，采用低冲击设计模式。其次，顺乎自然，打造顺应自然环境的公共空间，营造和谐的城市微气候，了解基地的风向、降水、日照、地形地貌等，明确河流的流向、动植物的行动规律、基地的地质构造等，从而在功能的布局、建筑物的设计、街道的走向等方面因势利导，合乎自然规律，避免生态能力的削弱。最后，优化空间布局，对公共空间基地内结构作出改变，增加绿地与城市的接触面积，减轻城市的热岛效应、污染集中程度等。

11.3.4　人性尺度的考量

在城市公共空间的设计中应当把人的尺度作为空间量度的标准，把人的行为特征作为空间组织的依据，探索空间层次与要素之间的组成比例关系，协调人与空间的生理和心理关系（表 11-1）。人在城市公共空间中活动时，广场、绿地、院落、街道等细部都应该蕴含着人性的尺度。尺度的处理是否得当，是城市公共空间设计的成败关键。

公共空间关照人的心理和生理需求　　　　　　　　表 11-1

	避免交通事故的保护	预防暴力和犯罪的保护	不良感受的保护
保护感	避免交通事故 避免意外的担忧 避免其他意外	居住、休憩的防卫空间 街道生活与街道眼	避免风、雨、雪等不良天气 避免寒冷、酷热等不良温度 避免污染（灰尘、光污染、噪声）
	步行可能性	站立、停留可能性	就坐的可能性
舒适感	友好的步行空间 合理的街道布局 丰富的建筑立面 连续的步行空间	具有吸引力的边界——"边界效应"为停留设置的地点	就坐分区 私密性 周围环境友好
	观看的可能性	听、说可能性	玩耍、活动可能性
愉悦感	观看距离 不被遮挡的视线 有趣的视景 夜晚灯光	低噪声等级 近尺度"交流空间"	活动、游戏以及娱乐的参与性

	尺度	气候、气象的正面引入	美学质量
欣赏性	建筑尺度 感受、感知的尺寸 人性尺度	阳光、阴影 热、冷 微风、空气流通	良好的设计与细节 优越的观景的视角和视线 材质细节

面对高速发展的城市，传统的经典著作可能会存在不合时宜的地方，大尺度的城市开发使城市的公共空间在失去亲和力的同时也导致了很多社会问题，这已非经典著作所能想象，然而尊重和挖掘城市中永恒的主体——人以及人的生活的意义是永远的终极命题。只有以人的尺度为标尺，融入人的日常生活，注重人的身心感知，延续人对城市的记忆，城市的公共空间才会保持永久的活力。

11.3.5 多样性的培育

城市是一种异质性的系统存在，多样性是城市存在与发展的基础和特征。城市公共空间是城市多样生活的重要载体，随着人们对生活环境的要求日益复杂多样，城市公共空间的设计理应面对多元化的诉求。

城市活力也源自多样性，简·雅各布斯指出："城市中的活力依赖于各种活动的交织重叠，要把多用途的综合与混杂看作是'本质现象'才能理解城市。"城市公共空间的复合化特征，才是城市的本质要求。

所谓复合化，一是指功能混合，多种功能以一定的关系组合在一起，形成一个空间整体，达成共存、共荣的协调关系，其效益远大于各个局部用地功能的简单叠加。

二是指多维度综合利用，通过多空间和多时间段的复合、穿插、串联以及层叠等手法来整合城市和建筑空间，利用竖向交通系统将地下、地面和空中联系起来，形成一体化空间。不同层面的空间单元在保持各自相对独立性的同时，又构成了彼此连续相通的关系，提高土地使用的集约化水平。

三是引入多样化的公共空间元素，提高城市的丰富程度，彰显不同地区的地域特色。将如水系、山川、古迹，甚至是舞台、地方戏剧、书画展、跳蚤市场等具有特色的资源引入其中，能够有效地增加公共空间的多样性和丰富性。

公共空间应该是"社会粘合剂"，把各种各样的人群、团体集合起来，使他们能够互相交流、互动，成为一个能容纳多阶层、多文化、异质化、丰富性的社会容器。各类丰富多彩的活动不断发生，才会随之产生事件，而这正是城市活力的源泉。

11.3.6 地域文化的彰显

任何人都无法脱离特定的群体生活，从氏族部落的群居、早期聚落的定居，到现在的城市生活，莫不如此。基于地缘的群体生活形成了共同的思想意识和价值观念、生活方式和社会习俗、建筑空间和聚落形态，经过时间逐渐沉淀，这些内容成为一种代际相传的传统与文化。地区价值和地区特色就存在于地域历史文化中、地域象征符号中、地域空间尺度中、地域建筑风格中，地域的特色和独特气质深蕴其中。城市在生长的过程中，形成了独特的空间构架和风貌特征，公共空间既是整体空间构架中的关键节点，又是展示地域风貌特色的载体。因此，对于既定场地的地域文化挖掘尤为重要，这是空间规划的起点，失去了与周围的空间联系和与过去的文脉延续都会造成场所意义的迷失。公共空间设计应遵循背后潜在的习惯和文化，并结合城市功能体系，将城市地域文化特色资源有机地组织到城市空间当中，构成具有地域特征的城市景观系统，营造特色公共活动空间，创造一个形式宜人、功能完善、具有地域风貌特色与文化内涵的公共城市环境。

杰克·纳萨尔（Jack Nasar）定义了"受人喜爱的"空间环境的五个特征：① 优越的自然环境；② 精心维护的环境；③ 被限定的开放空间，并融合了悦目元素的视野和景深；④ 赋予历史意义、情境并激发美好联想的环境；⑤ 良好的秩序性，有组织协调性、一致性、易识别性和清晰性。[1]无疑，上述本节的六个设计要点和纳萨尔定义的五个特征是相互印证的，而六个要点之间也是相互融合和支撑的，构成同一设计过程的不同维度。

① （英）马修·卡莫纳，史蒂文·蒂斯迪尔，蒂姆·希斯，泰纳·欧克. 公共空间与城市空间——城市设计维度（第2版）[M]. 马航，张昌娟，刘堃译. 北京：中国建筑工业出版社，2015：192.

12

场所

12.1 概念与内涵

关于场所的概念，许多学科领域都进行了探讨。哲学家、社会学家、地理学家、人类学家、环境心理学家、建筑师、艺术家等都从不同的角度和视点来阐释场所的本质，许多和场所相关的概念应运而生，例如 E·戈夫曼（Erving Goffman）的"地域"（Regions）概念、皮埃尔·布迪厄的"场域"（Field）概念、A·吉登斯（Anthony Giddens）的"地点"（Locales）概念、诺伯格—舒尔兹（Norherg-Schulz）的"存在空间"（Existence Space）、海德格尔（Martin Heidegger）的"栖居"（Habitat）概念、A·德伯格（Andreas Dieberger）的"节点"（Node）概念等。

诸多概念之间既有联系亦有区别，比较普遍的看法是"场所是有意义的空间"。场所一词包含了两个层面的含义：一是物质层面，涵盖了实体区位、物质环境、空间组织等，与地方（Region）、地点（Location）、地段（Area）等词相近，不同的是，场所通常指一个特定的空间单元；二是精神层面，包括人的情绪、观感、联想，以及由此产生的空间意义、精神、象征等，还有人与空间之间关系形成的过程。总之，场所不仅是单纯的物质空间，而且承载了人们认知空间的历史、经验、情感、意义和符号，这些在一定程度上可以通过物质实体来表现，但主要源自人和空间的互动关系和多样性的城市活动。

需要注意的是，场所是人和环境互动过程中承载多重意义与情感的空间所在，场所存在自身固有的节奏和背景，人也是在场所的固有节奏中才能找到场所意义。列菲伏尔观察到场所往往通过特定的韵律特性确定自身特性，包括各种日常生活的时空韵律，如步行者的行为轨迹、观光游客停留时间的长短、购物者聚散分布等。这些社会韵律受到空间环境中固有韵律类型的影响，这些韵律进而表明一个快速的或慢速的场所。伍德里希（Wunderlich）将这些描述为"场所节奏"，她认为："它们包括我们生活世界中的日常功能事件，被相同时空框架内同步的声音和气味、光照和黑暗、热和冷、移动和静止等模式所覆盖，并且定义了一个场所的时间背景。"[①]

12.2 场所精神与结构

12.2.1 场所精神和场所空间

"场所是有意义的空间"，要理解"有意义的空间"就需要理解一个关键概念——"场所精神"。"场所精神"是建筑现象学的中心议题，源自海德格尔的存在哲学思想。

海德格尔认为人和环境是不可分割的整体，人的存在是在其与环境中其他事物互动的过程中显现出来的。这意味着人生活在具体的地点、事物和时间所构成的特定环境之中，而这个环境主要包括各种生活空间环境，这些空间环境对人的行为、思想、情感所产生的意义，就是"场所精神"。空间因为有了作为物质属性和精神属性的结合的"场所精神"而成为人的"归属地"，这就是"场所空间"。当人在"场所空间"中体验到"场所精神"（场所的意义）时，他就有了"存在的立足点"（Existential Foothold）。

20世纪60年代诺伯格—舒尔兹将这种场所论思想运用在建筑领域，成为影响深刻的建筑空间理论。舒尔兹提出，人与场所之间的关系"基于空间及其事物的体验"。场所精神建立在生存于此的人们的认同感的基础上，是场所得以被认同的一种精神场域和空间氛围。空间中所聚集到的"意义"构成了"场所精神"。场所精神根植于其形态背景和活动，它们并非场所的属性，而是"人类的意向和经验"。[②]

简言之，"场所空间"以一定的方式聚集了人们生活世界所需要的事物，

---

① （英）马修·卡莫纳，史蒂文·蒂斯迪尔，蒂姆·希斯，泰纳·欧克. 公共空间与城市空间——城市设计维度（第2版）[M]. 马航，张昌娟，刘堃译. 北京：中国建筑工业出版社，2015：272.

② （英）马修·卡莫纳，史蒂文·蒂斯迪尔，蒂姆·希斯，泰纳·欧克. 公共空间与城市空间——城市设计维度（第2版）[M]. 马航，张昌娟，刘堃译. 北京：中国建筑工业出版社，2015：133.

这些事物的构成方式反过来决定了"场所空间"的特性。只有在从社会文化、历史背景、场地活动等特定的条件中去获得"场所精神"（意义）时，"场地"才可能成为"场所空间"。

12.2.2　场所的结构

场所的精神和场所结构密不可分，一个有意义的场所，必须具有可辨析的空间结构。这和凯文·林奇的城市意象理论如出一辙。可辨识度是产生认同感的前提，必须让人晓得身在何处，人在环境中获得存在的立足点，才能获得方向感和认同感。

舒尔兹将场所结构分为"空间"和"特性"。"空间"是场所元素的三向度的组织；"特性"一般指的是"气氛"，是场所中最丰富的特质。相同的空间组织经过空间界定元素（如边界）具体的处理手法，可能会有非常不同的特性。空间组织对特性的形成有某些限制，两者存在互动的关系。

"特性"是场所的综合性气氛（Comprehensive Atmosphere），亦即伍德里希所谓的"场所节奏"，是具体的造型及空间界定元素的本质表达。一般而言，所有场所都具有特性，特性是既有世界中基本的模式。不同的行为需要有不同特性的场所，例如，一个住所必须是"保护性的"，一个办公室必须是"实用的"，一间舞厅是"欢乐的"，一座教堂是"庄严的"。地景也具有特性，例如"肥沃的""贫瘠的""欢愉的"及"可怕的"地景。诚如舒尔兹所言，在某种意义上场所的特性既是时间的函数，由季节、周期、气候，尤其决定不同状况的光线因素所决定，特性也是由场所的材料组织和造型组织决定的。作为设计师在设计伊始就应该了解明显的场所特性，同时对其具体的决定因素加以探究，以塑造场所空间。

12.3　场所的塑造

城市设计思潮源自两大传统，即视城市为艺术品（观赏之用）和视城市为建成环境（使用或居住之用）。贾维斯（Jarvis）区分了这两种城市设计思想的不同之处："视觉艺术"传统强调视觉形式（"建筑与空间"），而"社会使用"传统关注城市功能及环境体验（"人与活动"），上述二者的融合出现了第三种传统——"场所塑造"，指既关注"形式"又关注"精神"。城市设计的场所塑造通常需要关注以下几个方面。

12.3.1 了解场地使命

一如舒尔茨所言，场所精神的形成是利用建筑赋予场所特质，并使这些特质和人产生亲密的关系。因此建筑基本的行为是实现场所的"使命"（Vocation）。城市设计塑造场所时首先应了解场所的使命，了解场所的结构和特质要素。

对于城市的自然资源，尤其城市历史文化资源应格外重视。地域文化是城市的基本属性之一，也是场所的特质要素，是表现城市场所精神的重要手段。当一个场所适应当地的历史文化发展的时候，它会具有相应的文化特性，有着相同文化背景的人们会对此文化特性产生共鸣，因而唤起其对场所的认同感。在与所在场所和当地文化不断互动的过程中，场所就秉承了场所精神。

12.3.2 增强辨识性

舒尔茨引用"诗意的栖居"意在指向"存在的意义"。他强调建筑的目的是提供一个存在的立足点，它强化一个区域的特质，形成空间导向性和辨识性，建筑赋予世界空间感并让其显现。城市的辨识性（Legible）元素，如路径、边界、区域、节点、标志物组成了城市的空间导向，这也就是舒尔茨所指的"场所的现象"（The Phenomenon of Place）。场所的塑造与人们的空间认知是同构的过程，增强城市的可辨识性是同构耦合重要的途径。小桥流水的苏州是操着吴侬软语、风格细软的城市；而砖墙高筑、晋商风韵犹存则是平遥古城的场所精神。其辨识度清晰，因而特质浓郁使人印象深刻。场所的可辨识度源自场所特性，又可由场所界面的色彩、装饰、肌理、材料、风格等因素来调节决定。场所特性不同，意味着场所空间的尺度以及人与场所的关系的亲密程度不同。

12.3.3 满足人的行为心理需求

人的心理尺度的基准建立于人对其生活环境的感知，是一种领域感的心理规律。人在场所中时，通过视觉、听觉、触觉等对场所进行综合的感知，并产生意识、情感等一系列心理活动。当这种心理感知与其自身的心理尺度基准存在共同点时，便会形成心理共鸣，因而也会产生认同感。

一般而言，人们需要认同感，以及归属于一个特定的区域和团体的归属感。克朗（Krone）指出场所要为人们的共同经验和时间的连续性提供"支撑点"，它不仅要满足人们基本的心理需求，更应引导人们实现心理上的"安居"。

场所精神来自于人对场所的认同感、归属感。故当一个场所具有场所精神时，它就是符合人的心理尺度的。城市设计需要尊重人的行为尺度和心理需求，以促成人与城市空间的情感互动。

12.3.4 营造更有意义的社会空间

场所是从生活经验中提炼出来的意义的感知中心，通过意义的渗透，个体、群体或者社会把"空间"变成"场所"。

通常城市设计塑造有意义的场所有三种方式：形象化、补足和象征。形象化指将对空间环境的理解和整体把握塑造成有形和可见的形象；补足就是修正、改造空间环境使其符合设计的构想；象征则是把一个已被理解的世界再现在场所里。在现象学中，场所与人的存在及其意义紧密地联系在一起。只有当城市空间界定了一个具有明确特性的空间范围，人与环境发生联系，场地（Site）才能转变为有意义的"场所"（Place）。

场所意义的营造本身就是为了人们得以"诗意地栖居"，场所精神使得城市空间的场所更具感召力和吸引力。这种源自情感共鸣的精神力量可以激发人们的认同感，使承载人们公共活动的场所更加有存在的价值和意义。

庞特（Punfer）和蒙哥马利（Montgomery）把建立场所感的构成要素以图示的形式展示出来，城市设计创造和增强场所感的要素一目了然（图12-1），也可谓是对上述四个塑造要点的图示化表达。

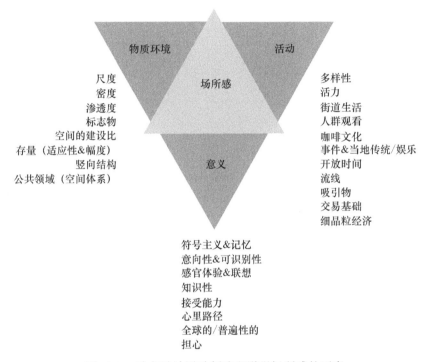

物质环境
活动
场所感
尺度
密度
渗透度
标志物
空间的建设比
存量（适应性&幅度）
竖向结构
公共领域（空间体系）
多样性
活力
街道生活
人群观看
咖啡文化
事件&当地传统/娱乐
开放时间
流线
吸引物
交易基础
细晶粒经济
意义
符号主义&记忆
意向性&可识别性
感官体验&联想
知识性
接受能力
心里路径
全球的/普遍性的
担心

图 12-1　城市设计活动创造和增强场所感的要素
（资料来源：（英）马修·卡莫纳，史蒂文·蒂斯迪尔，蒂姆·希斯，泰纳·欧克．公共空间与城市空间——城市设计维度（第2版）［M］．马航，张昌娟，刘堃译．北京：中国建筑工业出版社，2015：136.）

13

城市意象

13.1　认知地图

1960 年凯文·林奇出版了《城市意象》(The Image of the City) 一书，在对居民之于城市的心理感受和印象调查的基础上，提出了构建 "城市意象"(Image) 的五项基本要素：路径 (Path)、边缘 (Edge)、区域 (District)、节点 (Node)、地标 (Landmark)，认为这些要素的交织与重叠产生城市空间的 "认知地图"(Cognitive Map) 或称 "心智地图"(Mental Map)，人们就是根据这样的 "认知地图" 感知城市的特征，构建起对城市的意象系统。

路径描述了在城市语境下的移动路线。路径是居民最重要的观察空间，城市空间由此可以被感知，并起到连接其他元素的作用。路径取决于其 "可辨识性"（宽窄处、线型设计、交通性质、绿化情况）、"连续性"（长度和走向）和 "方向性"。

区域是城市二维层面上的分区，这些区块可以通过内部或外部独有的特征被辨别出来。区域的典型特征是具有某种统一的特性，例如地形地貌、社会结构、主导性的用途等。

边界构成了区域的轮廓，可被诠释为 "划分空间" 的元素。林奇认为，边界是一种外侧的界定标记，如突变的地形、海岸、铁路线、墙壁、高速公路或者建设区的边缘。边界既可以是将区域划分开的、不可逾越的界限，也可以是类似具有连接作用的 "缝线"，从而使两侧区域之间进行活跃地交流。

节点可谓是城市的空间要点，包括使用频率很高的中心地点、目的地和出发地、道路交叉点或者有特定用途的密集区中的汇集点。许多节点都有多重用途，既作为连接节点也作为集中节点，构成了特别强烈的意象。

标志物是视觉参考基点，具有引人瞩目的表现形式，它们很容易从周围环境中被筛选出来。基本上，标志物会高于周围其他较小的建（构）筑物，起到"辐射状"的影响作用，从而支撑起一套"导向型网络"。

路径、边界、区域、节点和标志物，这些元素构成了城市空间的"认知地图"，元素间并非孤立存在，而是结合起来共同形成场所的整个意象。区域由节点构成、被边界限制、被路径穿越、被地标所引领……各元素通常是相互重叠的。林奇的研究表明不存在整个环境的单一的意象，而是成组的意象，其源于不同尺度和层面的要素意象的重叠和相互关联。

13.2 城市意象

城市的意象并不是一副静态的认知地图，重要的是唤起居民潜隐在心中的对城市的认知能力，其中可识别性是关键因素。凯文·林奇认为可识别性决定人们在脑海中把环境组织成一个相关联的模式或是"意象"的难易程度，这关系到其穿行环境的"导航"能力，一个清晰的意象和"有序的环境"有助于人们构建起行为的参照系。

在更广泛的意义上，意象的价值在于它能够充当一个基本的参照框架，个体能够在其中活动，认知体系附加在框架上。因此，意象就仿佛是一种信念或一套社会习俗，是事实和可能性的组织者。

因此，凯文·林奇认为"有效的"环境意象需要具备三个特征：① 个性，即物体与其他事物的区别；② 结构，即物体与观察者及其他物体的空间关联；③ 意义，即物体对于观察者的意义。

空间由于外表富有个性特征，从周围环境语境中容易被辨别。同时设计师应该尽量建立城市与此空间的结构性联系，建立"导向型网络"，这种联系又促成"意义"，即现有的"结构"和空间给予观察者的意象特征。不过，林奇认为"意义"是非常主观的，涉及观察者的社会地位和个人经历。因此，他觉得意义并不是规划设计中的重点，认知地图中个性和结构要素才是设计师关注的重点。

13.3　城市认知结构

正如凯文·林奇所言，"将来的工作中，最重要的任务或许是要理解和认识到'城市意象'是由各种元素之间的交互作用、整体结构以及时间进程而构成的广泛且复杂的一种形态。"① 本质上，对城市的感知是对极大尺度对象的一种时间性的体验。若要将环境感知作为有机的整体，那么理解和领会各个部分在其紧邻的周边环境中的关联仅仅只是第一步。理解复杂的相互关联和设计的路径，那么至少解决时间进程中所呈现结构的问题，就变得尤其重要。

认知结构是基于心理学的结构，是通过直接感知经历时间过程而逐渐获得的。既然是心理学的结构，不同文化背景的感知属性可以类同。具体来讲，对于城市认知结构的建立，标志物演化为心理感知的中心，区域演化成领域感，路径涉及方向性，节点变成场所，界面变成特性元素，中心和轴向界定基本方向坐标，场所精神的不同造成场所与场所之间的分野，边界和质地的不同使得领域与领域之间的界限分明。由此在识别过程中构建出认知结构，基本结构通过相互间的转换规则建构成复杂的感知意象结构。

"意象是观察者和被观察事物之间双向过程作用的结果"②，城市设计应尽可能提高城市的可识别性，而明晰的空间层次结构、有序的要素关联性、符合人性心理的时间序列、吻合认知结构的心理坐标系统，是提高可识别性的有效途径。

对于地段的城市设计而言，提高可识别性的重点是传达城市空间结构，建立有序的要素关联，构建认知地图等。以我国目前进行得如火如荼的高

① （美）凯文·林奇．城市意象［M］．方益萍，何晓军译．华夏出版社，2001：23.
② （美）凯文·林奇．城市意象［M］．方益萍，何晓军译．华夏出版社，2001：28.

铁站区域城市设计为例来说明，高铁站点及周边地区不是单纯的交通集散空间，是城市重要的标志性节点，是形成城市意象的最重要要素之一。随着高铁的发展，高铁站点由于庞大的交通人流量，成为整合交通服务、信息服务、商业商务、居住等功能的城市新型综合功能区，其作为一个特殊的区域，在居民心中会形成一个具有特性的空间领域。高铁站点区域通常会成为城市的次中心或是重要的功能节点，促使城市向多中心的空间结构发展，为城市空间资源的优化与重构提供了契机。

为了提高城市的可识别性，高铁站点区域城市设计有以下几个设计重点：① 优化空间结构，有助于认知结构的建立。高铁站如果位于城市中心，则引导城市向紧凑型的单中心模式发展，而如果其位于城市边缘则引导城市向多中心网络结构方向发展。② 土地高效复合，与老城功能差异化，形成空间区域感。③ 交通的系统建构，做好高铁与其他交通方式的换乘衔接；合理利用地下空间并与地上流线一体化组织，建立有序的要素关联。④ 建筑形态的塑造、公共空间和绿化景观的系统组织应彰显地域文化，体现门户形象。⑤ 合理规划站点外围圈层的功能和形态，确定功能构成、比例、开发梯度以及立面布局等（图 13-1）。⑥ 强调"链接"的理念，建立其与老火车站、老城的联系。

城市是市民所看到和感知的城市，是市民每天生活体验的城市。城市中的物质景观深刻地影响着城市居民的精神存在与心理构建。在长期的潜移默化中，这些物质影像从心理上形塑着这个城市的居民，从而形成这个城市的居民所独有的心理状态、精神文化以及行为方式。

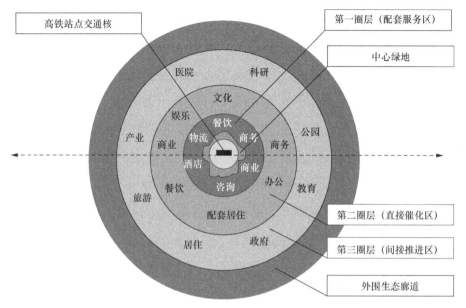

图 13-1　高铁站点区域功能圈层

13.4　认知地图的事件维度

需要注意的是，林奇将人对城市环境的理解看作对物质形态的知觉认识，把人对于城市的认知等同于动物在迷途中的行为，即觅路和适应环境，这几乎是一种生存主义的思维模式。孰不知人对于某一环境的记忆首先源于在其间做了什么，发生什么事情，对于实体环境的记忆往往是其次的，对城市的认知和记忆常常不是由物理形态所给予的，而是由在其间遇见的事件和情境的特质所赋予的。因此城市意象的形成因素中，城市事件应该增补其中。

城市的历史首先是一个故事，故事本身原就是历史，"His-story = History"。城市就应该成为这样一个场所：在这儿，各种各样的活动、事件、语言、历史、回忆和痕迹在新的视野结构中不停地交叠和重新组合。有人情味、有亲和力的场所是市民们钟情的日常生活空间，这才是城市最为深刻的意象。

　　人们是在生动的事件与情境中产生丰富的心理体验活动，在体验者已有相关经历的前提下，叙事性的城市空间往往能够唤起他们曾经的记忆，引发其对过往情景或是某种意境的重温；而在全新未知的状态下，叙事性的城市空间又能激发体验活动，形成新的记忆经验。空间中的事件，规定了场所的特征，把空间的物理特性融入场所的结构之中，消弭了物质特性的影响力，余下事件深深镌刻于人们的脑海，形成隽永的记忆和意象。因此，塑造叙事性场所，是构建城市认知地图的重要内容。

14

事件与叙事

14.1　空间中的事件模式

亚历山大在《建筑的永恒之道》中论述道："建筑与城市要紧的不只是其外表形状、物理几何形状，而是发生在那里的事件。"[①] 他认为，一个城市丰富和复杂的秩序是从千千万万创造性的活动中成长起来的。城市中的事件和活动之于城市活力的意义自不待言。

亚历山大提出"事件模式"的概念，意指每个地方的特征是由不断发生在那里的事件模式所赋予的，空间的每一种模式都有与之联系的事件模式，空间和事件一道的整体模式构成了人类历史的要素，空间与事件之间存在一种互构的关系，空间的模式恰恰是允许事件模式出现的先决条件和必要条件。因此，特定的空间形式、场所会吸引特定的活动和用途，而不同的行为和活动也倾向于发生在适宜的环境中。这就是空间设计引发事件的能动性原因所在。总之，既然事件和活动是城市活力的源泉，而事件与空间往往相伴相生、同出一源，那么城市设计必然应该考虑如何促进正向事件的发生以及事件发生的空间模式。

14.2　事件史中的空间密码

事件构成城市记忆的重要部分，以往的本末体著史在历史纪事中往往缺失对空间的记述，然而在历史事件中，空间记忆往往成为历史记忆的核心，是城市社会历史本质的空间体现，就如工业革命中的埃菲尔铁塔（1840 年）和中世纪历史中的巴黎圣母院（1628 年），是历史中的重要空间地理标志，也是揭秘历史和走进历史现场的空间密码。

时间因为历史纪事功能变得有意义，纪事因为有了空间坐标而成为一种地理。"城市是上演人类事件的剧场，这个剧场不再只是一种模糊存在，而

---

① （美）C·亚历山大. 建筑的永恒之道 [M]. 赵冰译. 北京：知识产权出版社，2002：52.

是一种具体实在。"①城市场所是容纳了一系列事件的地点，作为历史事件的"容器"，通过建筑、构筑物、公共空间等蕴藏了相关的人物和事件，是集体记忆的特殊载体，每座城市空间的背景中都包藏了相关的历史事件，事件的形成原因和影响作用构成了城市空间的潜在特征，是一座城市区别于另一座城市的内在"气质"。解密一段城市空间特征即是在解密这段城市的历史。

14.3 城市设计与叙事

空间中的事件发生模式往往受制于空间模式，具备一定的同构性。空间参与到历史建构之中，就是列斐伏尔所说的"空间的生产"和社会—历史—空间的三重辩证法。事件并非仅仅指的是奥运会、亚运会、世博会等重大城市事件，亚历山大在《建筑的永恒之道》中，把各种作用力、情境、电闪雷鸣、爱人争吵、婴儿降生、祖父破产等都归结为一种事件，他认为每个人、动物、植物、创造物的生活都是由相似的一系列事件组成的。他对事件的定义相当宽泛，将事件的尺度拉进到了日常生活中去。而与日常生活息息相关的空间元素，如钟塔、牌楼、街道、广场等，都融合进入人们的记忆当中，是市民集体记忆（Collective Memory）的具体化，是事件的背景，是戏剧舞台的布景，或者就是参与其中的道具。城市中的大小事件都在不断成为"故事"，城市中固有建筑与空间形态成为"故事"的容器，成为参与个人记忆建构的一部分，成为城市历史难分难解的共同进程。

城市设计的目的即提供城市叙事空间载体，建立公众认可的城市共同意象以产生群体性的集体地域归属感，建立相互关联又充满机会的人与人的交往场所以形成具有活力的城市公共空间体系等。但也不应用整体宏大的空间叙事掩盖细致而微的个体故事，自下而上的、点点滴滴的日常故事累积是城市存在并繁荣的坚实基础，这些附着在质感丰盈的城市空间上的故

① （意）阿尔多·罗西. 城市建筑学［M］. 黄士均译. 北京：中国建筑工业出版社，2006.

139

事与城市实质性联结，城市正是依靠这些故事丰富的细节来维持自己生命的症候。[①]

城市设计亦是将城市空间变成一种"场所"，空间经过建构，物理建造为叙事提供制造者，当人的行为因空间因素激发与所在地域的社会、文化、历史事件发生联系时，空间便完成叙事并获得了某种场所意义。

14.4 空间叙事策略

当前城市设计往往陷入"形"的泥沼，对物质层面的狂热追求看似硕果累累，实则是对人类生活真实需求的最大漠视，如同空空的舞台布景，缺乏生动的事件与故事情节。因此，探索城市设计的手法，从物质形体塑造转向故事营造，是一项新的设计模式。

设计师是故事的导演，叙事性的空间设计通过对叙事要素的编排，激发潜在行为活动，促进场所中有意义的事件发生。它既可以叙说往事，也可以促发新事件发生。即使没有场所历史背景的人同样可以在场所中产生情感体验。

组织社会性活动和事件发生的重要途径是把城市潜在的"人"收纳进来，根据人的各层次需求，创造良好的综合性混合使用场所，这也是城市设计提升城市活力的主要途径。

通过多层面、多功能以及多时间区段的混合使用，城市公共空间可以促进活动发生，从而起到组织生活与激发事件的作用。

① 多层面空间混合使用模式，是不同标高空间的多层面混合使用，以适应垂直交通方式变革及人们生活方式的多样化诉求。

② 多功能混合使用模式，是通过配置丰富多元的城市功能以满足多样化的公共生活要求，将公众生活联系起来，促进交往，引发事件。不同的人的活动、彼此交融和沟通是城市丰富生活的源泉。

① 蒋涤非. 城惑［M］. 北京：中国建筑工业出版社，2010：186-187.

③ 多时间区段混合使用模式，是通过不同的时间在城市空间"上演"不同的社会"戏剧"，来提高空间的高效使用，从白天的各种商业、娱乐等活动，到晚上的市民健身、表演等活动，人潮的络绎不绝必然会将事件和交往活动大概率触发。

不同空间层面的合并与叠加，这种编排法是把空间理解为多种空间层面所构成的"矩阵"。多时间区段混合使用，则是将"时间"因素纳入了空间营造的过程和节奏中，从而形成操纵着空间的各维度之间互相作用的"城市剧本"，驱动参与者上演一幕幕"情景剧"。通过上述的"过程维度"，"城市剧本"融合了时间、空间、人物、事件，谱写成城市丰富的日常生活，而城市设计即是谱写"城市剧本"的过程。

15

美学与设计

在中西方传统美学里，对于美的理解有着两种不同的分野。西方强调"美在形式"是美之所以为美的根本所在，尤其如数理形式的理性美学在西方美学历史上长期占有重要席位。在我国传统美学中，"合内外之道"的理念却决定了与西方不同的审美方向，追求"立象尽意"的"意象""以形写神"的"形神"和"文质彬彬"的"文质"等为核心范畴的圆融的美学体系，[①]达成一种意境的美学。

15.1 理性美学

古希腊哲学体系充满着推理和证明等数理几何之逻辑思维，例如哲学家亚里士多德指出"一切科学都是证明科学"，哲学家毕达哥拉斯宣称"万物皆数"。与此相应，古希腊认为"美"也来自"理性"，美不在于不可言说的巫魅的神秘领域，而它就如数理形式那样明白无误地存在于审美对象的严格对称、比例协调、结构完整和谐这些外观的形式里，美是由度量和秩序所组成的。在这种"理性主义"影响下，古希腊产生了几何规整的希波丹姆规划模式（Hippodamus Pattern），它遵循秩序和几何数学的哲理，以齐整的棋盘式路网为特征，以求得城市整体的秩序。该模式被大规模地应用于希波战争之后城市的重建与新建，以及后来古罗马的营寨城（Roman Camp）建设，深刻影响了西方两千余年来的城市规划形态。地中海城市几乎都是从罗马营寨城这一模式中逐渐发展出来的，但它们彼此之间并不相同。这些城市各自吸收了中世纪基督教教义、伊斯兰社会文化、巴洛克式布局方式和现代主义的特点，因而百花齐放，各呈异彩。

15.1.1 模数美学

美学（来自古希腊语 Aisthēsis，意为"感知"）其概念早在亚里士多德

---

① 张再林. "美在形式"与"充实之谓美"——中西美学的根本分野［J］. 江苏行政学院学报，2018（6）：26-36.

时期就被使用，其研究的是"可感知的美"，以及艺术和自然中的"和谐"。对于艺术和建筑学领域而言，从人体中提取出比例的美感从文艺复兴时期直到今天都仍使人们不懈追求。黄金比例作为形态设计的基础，亦被称为理想的比例，即一个平面或者一条线段的分割比例大约为 3 : 5 的时候其比例最为和谐。让建筑符合以人体比例为基础的数学模型，不管从列奥纳多·达·芬奇（Leorlardo da Vinci）到帕拉第奥（Palladio），还是从申克尔（Schinkel）到卡米拉·西特，许多建筑师和城市设计师都遵循着这一设计原则。这种可以由比例主导的模数美学，在一定程度上是可以被具化的，因而可以言传而不必意会。

15.1.2 格式塔美学

格式塔来自德文"Gestalt"的音译，意思是"完形"。在格式塔心理学家看来，整体不等于部分之和，意识不等于感觉元素的集合；任何一种经验的现象，其中的每一组分都牵涉其他组分，每一组分之所以有其特性，是因为它与其他组分具有关系，由此构成整体。我们体验的"整体"不是孤立的一部分，周边环境也参与了"合奏"。

格式塔心理学家提出美学的秩序与和谐来自于模式的分类和识别，为了让环境在视觉上更和谐，可以运用组成或分组的原理从局部开始创造"好"的形式。基于此理论，温·梅西（Von Meiss）提出："我们在建成环境中所体验的愉悦与否可以用视野中的不同元素分组为概略单元的易难程度来解释。"[1]

由于"视知觉"中"完形"的作用，为了使视觉更加有秩序、连贯、和谐，基本的"协调因素"或者分组的原则被西方教育体系陆续确立下来（图 15-1）。尽管有时某个原则处于主导地位，但在大多数的环境下几个原则会同时起作用。

需要强调的是，格式塔的空间形态秩序并不能完全代表真实的空间体

---

① （英）马修·卡莫纳，史蒂文·蒂斯迪尔，蒂姆·希斯，泰纳·欧克. 公共空间与城市空间——城市设计维度（第 2 版）[M]. 马航，张昌娟，刘堃译. 北京：中国建筑工业出版社，2015：192.

验，空间的体验会随着时间和熟悉程度而动态变化，格式塔空间秩序美学和时间变迁关系密切，也和空间体验的欣赏水平等密切相关，所以未必要恪守陈规、一成不变，设计师是"模式制造者"而不是"模式崇拜者"。凯文·林奇提出"有价值"的城市不是一个已经秩序化了的城市，而是一个可以被秩序化的城市。"一些完全的、显著的秩序"对于"迷惑的新来者"来说是必要的，但同时存在一种"展开的秩序"，这就是时间维度上的格式塔美学。同时人们对细节和细部的感受也很重要，"我们渴望一个比我们的瞬间处理能力大的、细部丰富的环境"。①

① 相似：形式或共同特点的重复

② 接近：空间上更近的被认作是一组，并区别于空间上较远的其他元素

③ 同背景 / 同附属：通过相同的背景或附属物来定义地域或群组

④ 方向：通过方向的一致性、排斥或合流来分类

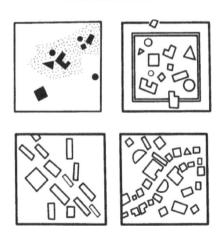

图 15-1 格式塔协调与分组原则建立的美学秩序（一）

① （英）马修·卡莫纳，史蒂文·蒂斯迪尔，蒂姆·希斯，泰纳·欧克. 公共空间与城市空间——城市设计维度（第 2 版）[M]. 马航，张昌娟，刘堃译. 北京：中国建筑工业出版社，2015：192.

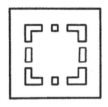

⑤ 围合：使不完整的部分元素能够被识别为
一个整体

⑥ 连续性：使无联系的图形能被识别

图 15-1 格式塔协调与分组原则建立的美学秩序（二）

15.1.3 城市设计的"视觉艺术"传统

城市视觉艺术传统注重城市空间的视觉质量和审美体验，这种思想历史
悠久。1893 年卡米拉·西特在《按照艺术原则进行城市设计》（City Planning
According to Artisic Principles）中对其作了系统阐释，将其进一步发扬光大，
其后逐步发展成为现代城市设计的重要准则。

无独有偶，英国的 E·吉伯德认为"美是对于组成物体的各个要素之间和
谐关系的体现，它既可以反映在城市与自然的关系，也可应用于城市的各部分
和日常生活的一切细部"。[①] 因而城市生活的质量大多与城市的形式有关，城
市设计要给人以美的享受，就需要使所有建筑物都处在令人愉快的关系之中。

19 世纪末"城市美化"运动在美国如火如荼地开展，将"视觉艺术"
传统推到了发展的高潮，城市街道、游憩园林和建筑广场成为其主要的实
践场，轴线、序列、秩序、对景等成为重要的设计手段。经此一役，城市
视觉艺术在城市设计中确立了难以撼动的地位。

"视觉有序"的确是构成城市形态艺术完整性的重要内因，也体现了局
部和整体间各尺度层级的关联性，平面构图、几何模式、视觉艺术对于表

---

① （英）E·吉伯德. 市镇设计［M］. 程里尧译. 北京：中国建筑工业出版社，1983.

现城市的整体秩序无疑是重要的，但相对于产生城市活力的要素来说，则可降格为次要因素。

此外，"视觉艺术"的设计导向忽视了政治、文化、社会、经济、安全等诸多要素，并非有助于塑造成功的场所。贾维斯（Jarvis）就指摘吉伯德在《市镇设计》中的住区设计原则，认为其过于注重视觉艺术的设计，缺乏人在住区中行为活动的考虑与回应，例如住宅前花园的设计就过于强调图案构图，而忽视了人的私密维度。

15.2　意境美学

我国传统美学往往采取一种无法言说的方式，和广泛流传的禅宗故事如出一辙。释迦牟尼拈花不语，众人皆默然，唯迦叶破颜一笑，领悟了正法眼藏、涅槃妙心。禅宗"不立文字，直指人心，见性成佛"的传统，正是"对逻辑性、指义性的语言，采取了悬置的态度，以使人回到'言语道断，心行处灭'的前语言境域"。[①]这种体会方式超脱于逻辑和语言，是一个纯粹的心领神会的过程。中国传统美学思想是一种"内蕴的""内在的"美学思想体系，这是一种"意在言先"的意境美学。

具有独特魅力的中国传统意境美学包含了历史、文化、思维、精神等多层面的内在精华。在这样的美学语境中，传统城市、建筑与园林营造显现出了诗画之美、中庸之美以及和合之美等独特的美学形式特点。

15.2.1　诗画美学

在我国艺术史上，诗歌和绘画均占有重要的一席之地，它们彼此之间密切关联，携手并行走过了漫长的历史岁月。诗与画同源不同流，互为衬托，汇成汪洋，共铸了审美意境之神韵。传统山水画讲究虚实布局，画之浓淡、远近、疏密、断续等呈现阴阳之美。山水诗历来注重画意的营造，从而描

① 吴言生.禅宗哲学象征［M］.北京：中华书局，2001.

摹自然，以形似取胜，达到"诗中有画，画中有诗"的境界。诗与画形成了我国特有的相互关联的美学意境。

我国传统建筑设计、园林营造、聚落选址、城市布局往往与诗情画意同在。于建筑而言，建筑与诗画互证互喻已成为久远的传统；于园林来说，园林营造就是源于诗的意境与感悟；于聚落和城市来说，传统聚落和城市与自然山水相辅相成，呈现一副人文自然交汇的山水画。这就是"中国式"规划设计营建，其"可贵"在于无尽的"诗情画意"之美。一方面，城市与聚落在设计营造中与中国人的诗画情怀相遇，建筑营造、街道形象、城市空间皆显化或暗喻脍炙人口的诗文与名画，在空间中寄予种种丰沛的感情；另一方面，透过文人墨客以诗画歌赋的形式对城市空间的品评描述和点化烘托，文以载道，无比丰富的哲理和特殊意境潜移默化地融入人们的骨髓与血脉之中，成为中华民族生生不息的文化基因。

15.2.2 "中庸"美学

儒家思想认为，"中"乃天下之大本也，"中"协调适中，不偏不倚，和礼制思想相结合，慢慢演化成一种纲纪、一种制度、一种规定。"中"的概念已不仅是一个地理方位的词，而是发展成为整个中华民族的一种凝固的民族意识、思维方式与空间观念。

我国古代城市规划与设计在空间上的主要特征莫过于对"中"的空间意识的崇尚。从城市的规划布局到建筑设计，都体现了对"中"的美学性格的追求。对于中轴秩序的城市追求肇端于《周礼·考工记》，突出了王城、宫城、王权，这一思想一直影响着我国古代城市的建设，产生了对称的、轴向发展的平面组织形式，并造就了对称、轴线、方位、向心等诸多传统城市特征。"中五"为尊，"四方四维"为卑。古代都城中宫城位于城最中心位置，而且以"三朝五门"来强化其居中的地位，如清故宫在城市南北中轴线上，正阳门至太和殿之间，从南向北依次布置了大清门、天安门、端门、午门、太和门五座门殿，体现"王者居中"的思想。

中庸美学结合社会秩序、政治需求以及儒家的伦理道德，传统城市规划在"中"的基础上进而衍化出一套完整的空间礼制秩序体系。

15.2.3 "天人合一"美学

"天人合一观"是构成我国传统审美思维内在的因素，强调"顺应自然"，美的创造必须合乎自然规律。这种思维方式潜移默化地对我国古代聚落选址、民居建造、园林设计等产生深刻影响。

我国传统聚落的形态布局是生态、自然、社会、文化和风俗等因素的综合结果，每一个村庄聚落均有各自的自然条件和历史背景，都有一个自然演化的规律，自成体系，形成各具特色的空间形态、道路骨架和建筑布局，和自然环境相呼应，相互融合，体现地域自然特征，是"天人合一"的典范。

我国的古典园林强调"师法自然"，追求"天人合一"，人工造园艺术将自然和人工景观熔为一炉，达到"虽由人作，宛自天开"的美学境界。它追求人为场所的自然化，尽可能地与自然融为一体，空间的自然意识在徐徐展开的造园过程中一以贯之。

"天人合一"的美学还体现于山地城市设计中。"整体"的意识贯穿始终，"整体和谐"是设计的原则，形成了传统山地城市的多种要素有机统一的整合关系。山形、水系、植被与城市和谐共处，街巷、园林、建筑群落相互衬托，建筑小品、文化装饰等作为点缀融合其间，体现了天地之道的融洽美学境地。清代修建的承德避暑山庄，追求"宁拙舍巧""自然天成""凡所营构，皆因岩壑天然之妙"的境界，众妙皆备，皆取自于"和合"。

15.3 美学设计

15.3.1 秩序美学设计

秩序美学设计是通过产生空间秩序的技术或者几何秩序的形构作为设计

的基本出发点。这种秩序美学设计可以被大多数设计师理解，其原因在于现代规划和建筑教育语境中基本相同的空间设计逻辑。

（1）规则秩序

空间秩序的逻辑历史上是从规则秩序，特别是从简单的空间几何逻辑发展而来的，例如轴线、对称、等级、基准、韵律、重复等规则秩序。几千年以来几何与对称是构成秩序的核心手段，往往通过一条清晰的或假设的中轴线作为内部秩序结构并产生不同的形式。

（2）不规则的秩序

不规则的秩序并非指全然没有秩序，实则"乱中有序"，呈现为一种内在的理性的结构关系。这一准则大多通过扭曲的和不规则的外形展现和表达，其结构和空间的逻辑却隐隐可见。

（3）组合的秩序

组合的秩序，是将各个空间要素相互联系并组合的空间方法。既有同形、同量、均齐的组合，体现出排列的秩序和安定感；亦有次要元素围绕一个主元素而成，具有稳定的向心性的集中式组合等。

（4）构成主义（Constructivism）秩序

构成主义秩序是在传统空间组合的基础上进行加和减、结合和拆分、组构和离散，是现代主义接受构成派绘画艺术和雕塑理论而发展起来的，同时也吸收了绝对主义的几何抽象理念，构成抽象形态，强调的是空间中的势（Movement）。

15.3.2 意境美学设计

20世纪80年代钱学森先生提出"山水城市"的理念，其本意是将城市设计和诗情画意等传统文化联系在一起，而这亦是城市设计所追求的意境美学的境地。

意境美学的设计并没有固定的范式，照搬一些古代形制与符号当然不失为一条捷径。但城市设计是一个强烈的"人心"介入过程，在时过境迁的今天，寻求中国特色的意境美学城市设计之道，设计师需要饱浸中国文化的精髓，意境之美学才会自然地流淌出来，落实在空间中处处绽放。

（1）平原城市塑造律诗般的均齐之美

平原地区地势平坦，这里城市的传统建筑群体布局，不论宫殿、官署、庙宇，抑或至于住宅，通常均取为左右均齐、对称布局，即以中轴为主线，建筑布局秩序井然，传达出儒家理性，凝固了礼制精神，显现平稳和谐的"均齐"之美。有如律诗，讲求字的对仗、节的匀称、句的均整，在这均齐形式结构中又饱含弹性和张力，通过布局的疏密、虚实、动静转换，最终于井然秩序中获得一种生命的翕合律动。

（2）山地城市塑造词曲般的节奏之美

山地的建筑群体，顺应地形，据山而设，或置于山巅，或隐入山坳，或濒临江湖，或因借形势，顺应具体的场地和地形等因素。其形式千变万化、不拘一格，要么按山水总体走势来经营水平和竖向的空间组合，要么因应场地的阴阳开合设计建筑群轮廓的高低起伏，并不僵化地遵循对称齐均模式。犹如词曲长短不一，蕴含节奏，大珠小珠纷落玉盘，显示出活泼生动的艺术魅力。

（3）园林城市取道自然，达成"天人合一"的境界

园林城市往往具备优越的生态资源禀赋，其设计应以园林手法精雕细琢地设计，营造取之于自然而又超越自然的深邃意境。园林城市以诗学为宗、画意为尚，本着"天人合一"的理念，通过对山脉、河水、植被、建筑等空间要素进行巧妙组织，追寻"山水清音"的理想境界，由迂阔至具微，由雄奇至清丽，如诗如画，在自然物境的基础上表达出丰富的精神内涵。

（4）历史城市传承古朴典雅，铸就厚重的文化气蕴

历史城市经过风水师、文化乡绅等依据自然格局的精心选址和布局，又经文心独具的诗画点化、长时间历史沉淀和文化气息的氤氲。其城市设计应延续文脉，营造历史文化场景，展现厚重文化的诗意空间，引发人们诗意的栖居向往。

中国的传统文化积厚流长，形成独树一帜的意境美学思想，这些思想贯穿进入人们的日常生活和思维方式之中，成为文化和观念的一种"内核"，原本应该顺理成章地成为我国城市设计师自觉的设计意识，然而由于"西学东渐"等原因，却使得理性美学成为"主导话语"。强调意境美学设计的意义在于寻回设计领域的中华文化话语权，深化有中国文化特色的规划设计理论，构建我国自有的地域性规划设计创新的思想与理念。

16

城市性与设计手法

16.1 城市性

"城市性"（Urbanity）源于拉丁语的"Urbs"（城市），最早用来形容"世界中心"的罗马。1938 年路易·沃思（Louis Wirth）在《作为一种生活方式的城市性》一文中提出，城市性表征城市特性，是塑造具有城市特色的生活模式的一套特性，城市在本质上是城市性的渊薮，可以通过人口规模、密度和异质性三个维度来分析。此后诸多学者对城市性进行了研究和界定。尼尔斯·安德森（Anderson）将城市性理解为一种推动城市化进程的介质，城市性是现代城市的生活方式，表现为非人格、次级、契约型生活方式；城市性并非一成不变，而是随时间和地点而变化。至 20 世纪后期，地理和规划领域的不少学者进一步丰富了这一概念，城市性被认为是一种城市组织方式、一种实现社会融合和土地混合利用的空间设计手法，抑或可用反映城市经济社会发展的现代性指标所替代。20 世纪 90 年代新城市主义（New Urbanism）理论体系逐渐成熟，在新城市主义看来城市性是作为一种空间规划设计的价值观而出现，代表着一种注重公共空间、维系社会关系、营造社区的理念。

对于城市性的理解，观点纷呈、各抒己意，但一个基本的共识是：城市是社会互动（Social Interaction）的系统，一个城市的活力取决于这个城市在促进社会的相互联系、相互影响上的潜力。城市性就是表征这一潜力，城市性强的区域也是城市特征明显的区域。

城市性是城市特有的属性，城市设计的核心就是促进或者重塑城市性。事实上城市性并不是完全由城市设计所设计出来的，但城市设计可以通过空间的策略促进城市性的实现。

综合沃思等学者的观点，"城市性"涉及若干个表征因素：功能混合（城市多样性）、社会融合（阶层融洽）、空间功能转化的可能性（动态调整）、开放空间（公共性）、城市建筑学（城市空间美学）、类型学传统（历史文脉）等。而与其关系最为直接是三个量化因素是建筑密集度、社会密度、混合用途。

16.1.1　建筑密集度

密集度是城市的基本特征之一，也是城市性的一项根本条件。建筑密集度是一种可以被量化的标准，用来控制基地上建筑的密集程度。建筑密集度表现的是基地内"已建"和"未建"之间的比例，它取决于建筑密度、容积率。密集度是土地利用的一个指标，极大地影响着城市开发和城市公共空间之间的关系。然而，建筑密集度只不过是城市性的前提条件之一，尚不足以产生城市性。

16.1.2　社会密度

除建筑密集度以外，用来表征城市的人数和社会活动的是社会密度。

一般来说，建筑密集度与城市的人口密度是相关的，但这两者有时也并非正相关。同样地，人口数量和区域面积的比例也可以各不相同。2018年北京和上海中心城区的常住人口密度远高于东京和纽约。在0~10公里的半径范围内，北京和上海的人口密度为2.07万人/平方公里和2.56万人/平方公里，每平方公里分别高出东京7421万人和1.24万人，高出纽约7539万人和1.25万人。[①]

除了人口密度，还有其他密度类型，如就业密度和互动密度。高建筑密集度或者人口密度并非一定会带来高互动密度。人口密度只有和社会密度正相关时，才是城市性的一个重要标准。

16.1.3　混合用途

混合用途有助于社会互动，是城市性的一个量度标准，不同用途互相兼

---

① 卓贤，陈奥运．北京上海的人口密度是高还是低［EB/OL］．［2018-5-10］．http：//news.ifeng.com/a/20180510/58240115_0.shtml.

容混合，共同塑造出该区域的城市性特点。混合用途的概念是指居住、工作、休闲甚至交通的功能混合。城市空间并不均质，用途混合并非变成一锅粥、大杂烩，而是将城市结构的控制和功能的组合，以及伴随产生的活力三者有机地镶嵌在一起。

不同尺度下不同的用途以不同的方式互相交织在一起。一般在区域层面上，采取用途混合（水平混合），而在微观尺度的建筑体内部则采用垂直混合。

总而言之，城市之所以为城市，关键在于城市性的存在，传统城市设计手法往往关注诸如城市广场、街道、滨水中心等城市空间要素的设计。这些设计手法几乎是物质决定论的衍生产物，虽然也不乏对于心理、经济、社会等因素的综合考虑，然而其目标往往失却对于城市本质的追问，"分门别类"的研究方法也使其因缺失综合性而"支离破碎"。因此本章提出城市性概念是试图摆脱传统的面向城市空间要素的设计手法，而是从基于促进城市性的提升、挖掘城市性的潜力、维护和提升城市性的质量等方面展开设计手法的论述。

16.2　识别

刘易斯·芒福德研究了众多中世纪欧洲城镇规划，他注意到虽然各个城市都是独一无二的，但是它们似乎展现出共同的、可识别的城市形态。当连续观看 100 种中世纪城镇模式时，仿佛存在一种潜在的共同的理论去指引着这些城镇的规划。传统小镇和城市的形态及城市功能看上去彼此融洽，似乎是经过精心的规划设计一样。它们看上去"规划得如此之好"，绝非偶然。教会、市场、城墙等相同要素似乎是其共同的结构和模式存在。

正如槙文彦在《城市哲学》中所言："城市与单体建筑不同，它的构图形态更富于传统性和习惯性，很少出现深层结构自身的频繁变化和突然变异。也就是说，在很多情况下，无论其表层变化多么强烈，但其深层结构却顽强抵抗着改变。弄清楚城市形态背后的比较稳定的图形关系，可以说是我们当前认知城市的第一步。"①

所以首先识别城市的常量和变量既是基本前提也是设计方法。所谓常量主要是城市长久以来的恒常的结构、识别性高的建筑以及作为载体的历史老城等。对于现有城市常量进行扎实的分析，是采取具有可行性干预手段的前提条件，是论证城市结构能否适应未来发展需求的必要条件。所谓变量指随着生产生活方式变化出现的新的空间模式、衰退的棕地、荒弃的场地、衰落住区等，必须进一步开发和重新予以规划。在这些区域里，可以开发出一种新颖的、注重空间品质的城市功能，同时也要注意它们与周围环境之间的"连接"或"融合"。

作为社会发展和经济发展的引擎，城市既要融入"现代化"的洪流，同时又要维护传统的场所。哪些城市结构是值得保留的？哪些因素和法则会发挥作用？其常常是充满矛盾的张力平衡。常量和变量并无事先设定的规律可循，每次都必须重新定义。它们之间互相转化和交互作用，使城市结构产生了多样性和生命力。

识别常量、变量在严格意义上并不算手法，而是构成设计手法的前置环节。常量和变量的"较量"也往往贯穿设计的始终，构成保护与发展的辩证关系。然而做到常量、变量"度"的平衡并非易事，要么无法应对城市发展日新月异的需求，要么用变量颠覆常量，沦为柯布西耶功能主义式的吊诡境地，招致千夫所指。

16.3 修复

城市修复面对的是一个城市性受到"损害"的区域，以一个至少部分完整的建筑结构或用途结构为前提，使这一结构通过"修复"可以再次具备

① 槙文彦，张在元，蒋敬诚. 城市哲学［J］. 世界建筑，1988（4）.

良好的功能。城市修复含义甚广，包括宏观的治理"城市病"、改善人居环境；也包括中观的城市修补，如不断改善城市公共服务设施质量，改进市政基础设施条件，发掘和保护城市历史文化和社会网络等，使城市功能体系及其空间场所得到系统的修复、弥补和完善；还包括微观的具体建筑的修复。

城市修复的模式和类型也多元化，例如点状修复、分类修复和分区修复。点状修复往往是针对单一建筑、旧厂房的改造；分类修复则是以某一空间类型的改造为抓手，带动周边区域的整体提升，如城中村改造；分区修复，主要针对具有同质性特征的修复范围，进行整个区域空间的优化和修复，如历史文化街区修复改造。

既然是修复，避免大拆大建的针灸式改造模式是基本途径。修复通常依托既有城市肌理作为修复单元，肌理是城市秩序的某种空间映射。在修复规划和建设过程中，既要保护原有肌理，又允许建设发生，新旧巧妙融合，用修复和织补的理念和方法来完善城市空间和功能设施，提升城市空间品质。

16.4　植入

城市仿佛是一个人工制品，在使用过程中必然出现"损耗"的问题，火灾、战争等也都会让城市肌理"千疮百孔"；城市也宛如一个生物体，在新陈代谢过程中，腐朽的肌体也会不断产生。针对这些"病灶"，需要除旧布新，植入新的功能，这是针对破损严重的传统肌理打的"补丁"。这种在肌理上"打补丁"是一种介入性活动，即用一种新的空间形式维持历史肌理内在的逻辑关系。

城市设计"打补丁"的过程就是拿出适合城市语境的解决方案的过程。设计方案可以将新的城市结构植入现有城市结构之下，也可以让新的城市结构成为决定性的城市元素，还可以给新的城市结构赋予其独立性，且同时并不影响现有的城市结构和品质。

16.4.1 前植

前植就是让新的城市结构、空间、功能、建筑物等居于醒目位置，而并不重视该场所已有的空间形态和设计标准。该手法的核心在于突出表达新植入部分的独立性。只有当现有的城市结构乏善可陈、毫无品质且新的部分肯定能够产生品质时，这种前植法才算是"无可厚非"的。

16.4.2 后植

后植，顾名思义是相对于现有的城市结构和建筑，新的植入部分须退居次要位置。然而，当新的城市结构根本无法被辨识，或者依旧可以按原方式重造的时候，则要批判性地看待后植法。后植目的在于重塑城市性，而不是迁就现状抑或使自身重新沦为衰退的境地。

16.4.3 并植

库哈斯（Rem Koolhaas）和屈米（Bernard Tschumi）在巴黎拉维莱特公园（Parc de la Villette）设计中探索了城市功能在一个基本网架结构中的随机并植的可能，并且随着时间的变化这些功能关系可以根据城市功能和社会需要去调整适配。

这种并植并未预设孰先孰后的优先级，而是呈现并列关系，不存在明显的"主从"关系，甚至常常表现出不完全的关联性。建立的这个网架系统，为不可预知的城市演化提供了锚点和脚本，起到了"从上至下"的"控制"作用，防止了"偶然"性对整体的破坏，同时也为城市形态演化的复杂性和丰富性提供空间，地理自然因素、人文因素、社会需求，甚至某种个人化的"偏好"都可以在并植的锚点上借机生长。这些关联与非关联性的因素编织成一张复杂而充满变化的空间景观网络。

复合并植除了同时态并植，也可历时态并植，即将过去、现在、未来的历时态加以并置、拼贴组合在一起，以产生"集聚效应"。例如法兰克福火车站地区改建，把铁路引入20米深的地下，以腾出地面空间承载城市生活。作为欧洲最为壮观的古老火车站之一，法兰克福火车站大门的弧形顶棚被保留，并在其下新建了一个商业街。这是典型的将历史与现代的生活复合并植的方式，此举对城市生活产生催化作用，激发了城市活力。

如果将线性承传的"历史"并植进入现代生活，将时间痕迹作为城市空间形态的一个特殊要素，城市的特殊性便由此而生。在历史的来往穿越中，城市在保持连续性的同时诉说过往的特殊性。

16.4.4　融合

要将新的城市结构融合到现有的环境中，尊重现有的城市结构是首要的前提。融合就是在维持历史内在逻辑关系的基础上采取适当的植入方式，但并不意味着完全"泥牛入海"，全然不见踪影，融合不排除使用新的材料或者采取重新诠释现有的建筑物和建筑类型的方式。如果可以展现出现有城市结构和城市品质的发展价值，原有的和新的城市结构是可以呈现显著的视觉差异的。

事实上，前植、后植、并植或融合——并不需要总是把某种原则贯彻到底，对于某个具体的设计项目这些手法并不是泾渭分明、相互排斥的，在城市结构、空间造型的多维元素上混合采取多种手法，是应有之义，而这取决于对具体的现状、现有的城市结构、历史文脉等清晰透彻的研究。

16.5　缝合

我国城市在急速城镇化过程中往往面临原有空间尺度和形态的颠覆与撕裂。这种"跃进式"建设必然带来城市空间的跳跃性变化，造成新旧之间的断裂。城市断片由此产生，其内在联系受到了破坏，游离于城市结构之外。这就需要一种方法将断裂的城市空间加以"缝合"。

缝合往往出现在边界之处，"边界渗透"缝合法用于两种不同类型空间之间的连接。如果边界两侧在视觉上、结构上和功能上能够相互作用，那么空间就能够关联成一个整体。

比较有效的渗透缝合是在界面上进行"穿孔"或"折叠"。所谓穿孔就是在边界上形成视觉、功能的相互渗透，打通接壤空间内在的联系；所谓折叠，原意指把物体的一部分翻转和另一部分贴拢，在此指在边界处扩大空间交互接壤的面积，造成公共交往活动的产生。何依教授在其著作《四维城市——城市历史环境研究的理论、方法与实践》中曾列举阿塞拜疆巴库古城的一则案例。一条18世纪中期由梅登塔（Maiden Tower）为起点发展的城市道路环绕着巴库古城，道路临街建筑并非"摩肩接踵"而是每隔一段间距会留出一个空隙，后面的古城墙由此显露出来。同时，空隙在城墙外又形成一处处凸形场所，为人们的活动提供了交往空间。整条街道成为一个"穿孔"式的界面，从而使得人群流动有了"滞纳性"，这种"缝合"手法也因此创造出两个相邻空间结合处的丰富性。

16.6 拼贴

柯林·罗等提出"拼贴城市"的设计理论，认为城市像一幅拼贴起来的画，多元的形态经过不断融合，形成内涵丰富的秩序，表达了"秩序和非秩序、简单与复杂、永恒与偶发的共存、私人与公共的共存、革命与传统的共存、回顾与展望的结合"。在同一座城市，甚至在同一街区、同一环境中，既存在着历经几十年甚至上百年的历史因素，也穿插着新近塑造的时代特征，同时也混杂着信息时代的城市生活，它们是多重历史空间的积累和拼贴。

拼贴既是一种历史的必然结果，也主动成为一种丰富城市性的手法。然而拼贴并非后现代解构主题式的毫无逻辑可循的拼贴。

（1）拼贴应基于历史逻辑与要素相互关系

1994年安托尼·格伦巴赫（Antoine Grumbach）在《城市是如何形成的》一文中提到"沉积城市"的概念，认为城市空间不可能是某一个时代的永恒化身，不同时期历史都会留下烙印，不同时期历史的痕迹层层累积就如同地质学中的地层沉积一样。然而柯林·罗却不尽同意该观点，他认为城市空间是时间维度的拼贴过程，随着时间的斗转星移，多重时代的空间性积累也会越来越复杂，城市空间要素之间，及其与城市生活之间演化出为极其繁复的相互关系，不像沉积层那样历历可见。受文脉主义思想的影响，柯林·罗的拼贴的要义就是基于这些相互关系与线索，结合时代的特征和功能诉求，寻求空间设计的真实意义。

（2）拼贴的目的是达成丰富性

柯林·罗反对"现代主义"城市规划按照功能划分区域而造成文脉的断裂和文化多元性的丧失，他提倡城市的生长、发展应该是由具有不同的功能拼贴而成，拼贴类型包括简单与复杂、私人与公共、创新与传统等。这些对立的因素的拼贴统一，是使得城市具有活力的基础，城市原本就是复杂甚至矛盾的系统，这才构成城市的丰富内涵。

正是这种复合交混所形成的丰富性，形成了空间语义的多元性，创造了视觉的多样化，激发了人们的城市活动从而产生城市活力，丰富性就是城市性的另类表达。

16.7 叠加

16.7.1 历时态的空间叠加

历时态叠加是通过"累积"形式来表现城市空间的时间性，在维持历史结构的基础上进行要素的"叠加"，其目的在于呈现历史空间的层级形态，从而明晰城市历史演变谱系。以汉口城界为例，清末张之洞督鄂之后，汉口城墙被推倒，修建了后城马路。"马路"延续了"城墙"的历史结构，也扭转了城市的空间逻辑，防卫性逻辑让位于商业逻辑。

叠加就在于呈现城市形态形成的时间性，不同时段的积淀层叠将城市发展的时序呈现出来，而城市的意蕴和历史的"美学"也往往是在时间的沉淀中形成。理想的城市形态应当是多重的历史交叠、内在结构元素复杂联系的整体，因此"急遽冲击式"设计方法无疑会常常切断历史叠加的文脉，消解了历史的逻辑。其形态演进应当尊重"历史底图"，以渐进的、承上启下的更新与迭代的方式推进。

城市规划设计在不同的时期必然要注入新的内容，这种注入是在尊重城市自身地域性的本质特征和梳理城市形态发展中的结构性脉络的基础上的"叠加"过程。这种结构性脉络往往是自然地理环境和地域文化要素等城市历久不变的"硬核"，是城市形态地域独特性的内在机制，构成了城市发展中形态的"稳定性"的最基本方面。例如佛罗伦萨圣十字区域和罗马圆形剧场所在的区域，在这里虽然历经如此长久的城市发展，尽管城市格局日趋复杂，罗马时期、中世纪以及文艺复兴时期留下的历史印迹和发展轨迹，仍宛然可见。

建立在叠加概念上的设计活动，反映了时代背景下秉承健全的历史观对城市要素进行的适应性改造过程，包括增补式的改造活动和替换式的更新活动。[①]

16.7.2 共时态的多因素叠加

共时态的多因素综合叠加是在一个基础工作平台上将多种相关因素进行关联表达，通过整合丰富多样的信息来充分表达所要呈现的观点含义。这种方式具有综合、全面、信息量大等特点，其中重要的是建立因素间的相关性分析。例如比较常见的用地适用性评价，通常的方法就是在同一张工作底图上进行多因素叠加分析，对地形、地质、气候、土壤及社会经济条件等评价

---

① 何依 . 四维城市——城市历史环境研究的理论、方法与实践［M］. 北京：中国建筑工业出版社，2016.

因素进行分析，最终得到基地的综合各重要设计要素的分析结果，为城市用地选择和用地布局提供科学依据。在此过程中，各种要素相互影响、制约、共振等关系由此显现出来。

叠加也可以是不同社会意识的叠加。城市空间是城市社会的载体，城市中的广场、街道、公园是居民日常活动的"容器"，也是各种社会关系交织的场所。它既承载着纷繁复杂的日常生活，也映射着各种类型的社会情境，也是各种意识的载体和大众经验的集合地。在此之中，用叠加的方法加入一种异质社会空间、意识、阶层、生活方式等，用介入性的设计思路，使得该区域呈现多元的共时性特征，呼应当今城市多样性和流动化的社会现实，满足不同的功能诉求，这也是一种共时态叠加的设计手法。

16.8　激活

16.8.1　空间触媒激活

空间触媒激活主要是指通过一定的设计策略，从空间的局部入手，促成空间系统产生联动反应，犹如化学反应中的催化剂，由点及线、由线及面的联动方式使城市空间整体发生内在的、连续的、渐进的更新。而且，这种更新了的元素又成为新的策动因素而引起再一次的连锁反应。触媒是一种产生与激发新秩序的中介，这种"活跃因子"促进了整体城市空间与功能的良性循环，成为保持城市活力的一种有效措施。

空间触媒不是单一的最终产品，而是能够推动一系列要素发展的中介手段。它可能是一个公共空间，如广场或表演舞台等；可能是单栋建筑，如地铁站、大型商业中心等；也可能是某些自然景观元素，如湖泊、河流等；还有可能是特定人群，如街头艺人、画家等；甚至可以是事件，例如欧洲文化城市运动（European Cities of Culture，1985～1999 年）。欧洲的城市利用这一"事件"对城市进行更新，通过增加文化设施、举办文化活动，吸引社会精英和艺术家等来此巡回演出和举办展览等，改善了城市环境，增加了旅游项目，继而更好地促进城市更新。

总之，触媒本身往往具有可识别性，触媒可以改变它周围的要素，被催化的要素是以积极的方式加以改变，同时引发的催化反应需维护并传承原有文脉。

16.8.2　人气增值激活

简·雅各布斯在《美国大城市的死与生》中对导致城市活力丧失的"大规模开发式"城市规划模式进行了猛烈的抨击。雅各布斯认为城市的活力和人气来自"对错综交织使用多样化的需求，而这些使用之间始终在经济和社会方面相互支持，以一种相当稳固的方式相互补充"。所谓激活，其本质就在于恢复城市活力和人气，人气增值激活就在于与经济、社会需求相适配的城市多样性和丰富性的构建，环境的友好、尺度适宜、交通可达、功能复合无疑有助于人气增值。

① 多样化配置。多样化包括功能配置的多样性和设施供给的多样性，前者能在不同时间段吸引不同的使用人群，后者能为使用人群带来选择的多重性。

② 良好的可达性。空间的可达性包括距离的可达性和视觉的可达性两个方面。

③ 宜人的尺度。大而无当的尺度会削弱空间内的活动频率，从而影响城市外部空间的活力。

④ 友好的界面。友好的空间界面有助于人气增值，例如建筑退线所形成的空间、界面、尺度、用途等对使用者的心理影响最为直接，决定了人在街道上的活动以及相应的空间分布。

⑤ 弹性化使用。空间的使用远非设计师原初设计出来的，甚至与之相差甚远。一种空间并非只能对应一种使用活动，还可能支撑着多种使用活动。在设计时应保留余地，提供空间使用的适度弹性。

16.9　整合

　　所谓"空间整合"是基于城市发展的需求，通过对空间构成要素和系统环境之间以及构成要素之间内在的关系与联系进行梳理和挖掘，调整与优化各个机制的功能，达到一种新的综合、融合的秩序系统。简言之，"整合"是基于一定的目的，将分散的元素重新"编排"，而不是简单地堆砌，使之成为一个有机整体，从而发挥出整体的价值和效益。

　　对于空间整合的设计手法，有学者做了大量研究和实践。蒋芸敏在《赣州旧城中心区传统空间保护与传承研究》中阐述了如何基于空间整合的设计手法保护赣州城市传统空间，认为首先应注重传统空间构成要素的保护，将特色街巷空间和重要历史建筑整合成一个系统，对旧建筑的风貌进行改造和修复，对使用功能进行置换，激发旧建筑的活力。在城市开发和建设过程中，延续传统空间的肌理，遵循传统空间的构成规律和构成要素，强化传统空间的历史延续和识别性。

　　汤雪漩、董卫在《宁波老城历史文化空间网络体系建构》中通过对宁波老城历史文化资源要素的深度挖掘，梳理出一个空间文化体系，通过公共空间将历史文化要素串联，构建了一个城市特色空间网络。

　　蔡甜甜在《基于文化视角下的老城空间整合研究——以南京六合老城为例》中，认为基于文化视角的老城空间整合，首先应保护优先，全面保护、应保尽保，充分挖掘历史文化资源，运用展示和标记等方法来彰显城市的历史文化特色；其次运用节点的更新、线形廊道的整合、斑块的营造、路径的串联等手法将空间文化资源系统化；再次通过优化用地布局、提升城市功能、梳理交通体系、整治空间环境、控制空间风貌等措施，构建文化空间网络体系，全面彰显六合老城的文化风貌特色。①

---

①　蔡甜甜. 基于文化视角下的老城空间整合研究——以南京六合老城为例［D］. 南京：南京工业大学，2016.

整合不局限于历史文化资源，也不单指城市层面，也可以是局部地块设计。1981年贝聿铭主持的卢浮宫扩建工程，前广场玻璃金字塔设计与卢浮宫相映成趣，整个地段被整合得"浑然一体"。正如蒂贝拉迪斯（Tibbalds）认为的，在大部分情况下单体建筑物应当屈从于场所整体的需求和特征，如果每一座建筑物都哗众取宠，那么结果可能是变成一场无序的混乱。而"低姿态"的整合处理手法使其成为稳固可靠的"合唱团成员"。

当然整合并不意味着一味屈从，屈从只是策略之一，另外还有配合，甚至突兀。英国皇家艺术委员会（RFAC）为新建筑在现有环境中的和谐提出了六个方面的准则，包括选址、体量、规模、比例、节奏和材料。其中的每一条都是从整体出发的整合式设计策略，例如选址是在尊重现有基地结构和尺度的前提下，考虑建筑占据基地的方式，以及它与其他建筑的融洽关系。

16.10　重组

马修·卡莫纳在《公共空间与城市空间：城市设计维度》一书中描述了一处城市地块的动态演替过程（图16-1）。最初为了发掘商贸机会，地块的建筑倾向布置在毗邻主要街道的一面，随着时间推移，土地使用发生变化，建筑逐渐向地块背面的后巷延展。随着地块背面的开发，中间的空间——原初可能是空地或者花园——会被发展成独立的建筑群。一段时间后，当密度随房屋的不断建造而提高，空间品质开始下滑，地块的开发就处于"瓶颈"阶段。当绚烂过后归于平淡，地块可能进入衰退期。在发展的诉求下，地块的模式可能会变化，地块有可能合并起来成为更大型建筑的开发基地，或者被道路分割成几个独立开发的地块。

正如伊利尔·沙里宁在1934年提出的有机疏散理论所揭示的，城市空间具有"演替"进化过程。随着时间发展，城市某空间类型被另一种类型所替代，这种动态演替具有负外部性效应，不能听之任之、顺其自然，否则会致使功能板结成混乱的一团。因此要"化整为零",把城市的人口和城市功能分散到可供合理发展的地域上去,使城市逐步恢复合理的秩序,把无秩序的集中变为有秩序的分散。这就需要不断地空间重组,不断"重写本"。

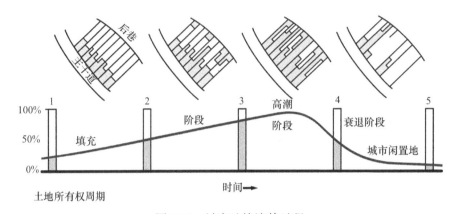

图 16-1　城市地块演替过程

（资料来源：（英）马修·卡莫纳，史蒂文·蒂斯迪尔，蒂姆·希斯，泰纳·欧克.
公共空间与城市空间——城市设计维度（第 2 版）［M］. 马航，张昌娟，刘堃译.
北京：中国建筑工业出版社，2015：90.）

正如戴维·哈维（David Harvey）的观点："城市若不能适应多样化、迁移性移动（Migratory Movements）、新的生活方式以及经济、政治、宗教和价值的异质性,必将因僵化或停滞而死亡,或者因暴力冲突而分裂。"[1]

"重组""重写本"指改变城市空间组织形式、功能布局或经营方式的规划设计行为,意味着组织架构的重整,不管是沙里宁的分散重组,还是霍华德的区域式重组,甚至是柯布西耶的集中式重组,都是一个动态优化过程。当然这首先需要了解城市空间系统演化的前提条件、契机诱因、路径选择、动力机制、组织形式和发展目标,对发展演化的机理和目标有一个较清楚的认识。

---

[1] （英）埃蒙·坎尼夫. 城市伦理：当代城市设计［M］. 秦红岭译. 北京：中国建筑工业出版社，
2013：133.

16.11 秩序

城市秩序包括功能秩序也包括空间秩序，本节中主要指空间秩序，这既是城市设计的落脚点，功能秩序往往也是依托空间秩序起作用。

例如，城市轴线作为一种建立空间秩序的手段而成为城市设计的重要手法。从物质层面看，城市轴线起到了组织和控制城市空间的作用，是城市空间的结构骨架，通过轴线串联城市各空间要素，从而获得城市的空间秩序。从文化层面看，在"礼制"和"王权"的塑造下使城市空间成为权力运作的"合法性"场所，由此产生的空间关系，构成了城市空间内在秩序与整体意义。"方正居中"的传统城市的轴线成为中心的表达，并具有"推进"性质，在城市空间整体中起着"纲举目张"的作用，产生了某种定位、定向的作用，[①] 从而建构起城市的空间秩序甚至心理秩序。我们运用轴线设计城市的时候，实质上是一种城市挪用（Urban Appropriation），创造了一种把"纪念"的独特性格融入城市日常生活中的氛围。敬畏通常伴随着宏大的规模和对称的形式，通过对城市轴线及周边建筑的成功整合，人们的身心被调动起来，以新的方式来诠释环境。

轴线只是建立城市秩序的一种方式，空间的秩序也可以通过平面秩序进行表达，这种平面秩序由平面规划建构。平面规划最普遍的形态是格网形态的街道平面布局，古埃及的卡洪城、古希腊的米利都城都较早使用了格网状的形态布局，规则的街道格网形态就是一种城市秩序的体现。这种开放式的格网设计成为许多新建城市的规划范型，这源于网格秩序的实用、规则、高效，有助于迅速设计和实施，这也是社会秩序的空间映射。

当城市秩序可以通过平面规划在某种程度上实现时，城市设计就可以通过空间设计支持整个有序的城市秩序的创建。其手法诸如轴线、对称、对

---

① 何依. 四维城市——城市历史环境研究的理论、方法与实践［M］. 北京：中国建筑工业出版社，2016：138-139.

位、网格等不一而足，其目的是对于失序的城市空间加以规范和建立逻辑框架。建立秩序并非强行将秩序网络置于原有的空间当中，而是在尊重自然、文脉、社会秩序的前提下，采取的一系列谨小慎微的渐进行为。

16.12　调控

城市在没有任何外在政策或机制引导的情况下自由生长与变化，非常容易被市场力操纵其发展。市场只会基于短期利益来配置资源，而对那些无法带来明显经济价值的事物并不关心，如生态环境、公共空间质量等。

城市设计不是单纯的物质空间规划，它也是一项政策、一种动态干预调控的过程。简言之，城市设计就是通过一系列的调控工具来调控市场建设行为，促进城市性的构建与发展，主要通过塑造行为工具、调节行为工具、刺激行为工具、发展组织的能力工具等实现调控目的。

所谓塑造行为工具，主要指提供"游戏"的规则，提供通则性语境，通过塑造规则，设置市场决策和交易的规则来改变环境。例如制定一系列的规范体系（规划导则、红线控制、环境保护、建筑许可等）确保公共利益。城市设计导则引导建设行为就是典型的塑造行为工具。

所谓调节行为工具，指通过定义决策环境的影响范围，管制和调节市场操作行为，以影响和限制可用的选择集的决定方向。例如，通过限定城市空间增长边界干预城市形态与发展便属于此类范畴。

所谓刺激行为工具，是通过优化市场环境、颁布激励某些积极行动或干预某些消极行动的措施，"润滑"市场操作和建设过程，如对于有助于城市空间环境改善的行为，提供补助或增加开发权等。例如美国的《区划法》中"容积率奖励"措施即是此种工具，通过确立奖励标准，激励社会各方力量共同致力于社会环境的改善和公益事业的建设。

所谓发展组织的能力工具，即增强行动者执行能力，提高在某一特定空间内有效的运作能力。例如，城市建设往往存在严重的利益冲突，发展组织能力重点在于实现充分的社会动员，建立协商机制，交流对话，消除分歧，达成理性的共识。再例如，城市设计是需要经过不断评价和修正的动态过程，而针对城市建设和环境形成过程的不断评价、反馈乃至及时修正的"自控制"机制也属于一种发展组织能力工具。

17

空间生产

17.1 基本理论

20世纪60年代西方人文社会科学界有关空间的研究成果丰硕，亨利·列斐伏尔和米歇尔·福柯（Michel Foucault）无疑是其中最令人瞩目的集大成者。

列斐伏尔认为，空间不是通常的几何学与传统地理学的概念，而是一个社会关系的重组与社会秩序的实践性建构过程。社会关系将自身投射于空间，它们在生产空间的同时将自己铭刻于空间。空间不是抽象的、自在的自然物质，也不是透明的、抽象的心理形式，而是其母体即社会生产关系的一种共存性与具体化，^①同时其自身也成为调控社会关系的母体。（社会）空间本身是过去行为的产物，它允许有新的行为产生，同时能够促成某些行为，并禁止另一些行为。所以空间不仅是被生产出来的结果，而且是再生产者。因此列斐伏尔提出要将"空间中的生产"转变为"空间的生产"。

列斐伏尔在此基础上将"空间的生产"又推进了一个层次，应用到对整个人类社会历史演进的考察中。既然每一种生产方式都铭刻出自身的空间，那么每一种社会形态或者生产方式都会有自己相应的空间，这就是列斐伏尔的"空间生产的历史方式"理论。在其著作《空间的生产》中，他按照空间化的历史将人类历史划分为六个阶段：第一，绝对的空间，即自然状态的空间；第二，神圣的空间，即埃及神庙及暴君统治的国家空间；第三，历史性空间，即希腊式城邦、罗马帝国等空间；第四，抽象空间，即资本主义的政治经济空间；第五，对立性空间，即晚期资本主义出现的空间；第六，差异性空间，即重新评估差异性与生活经验的未来空间。列斐伏尔借助了马克思的生产方式和社会形态划分理论，不过马克思是用生产关系的改变为标准，而列斐伏尔则用每个社会特殊的空间性质作为标准。

① Henri Lefebvre. The Production of Space [M]. Oxford: Blackwell, 1991.

空间是各类社会活动的产物，它取决于特定的生产方式和发展模式，折射出在某一特定历史条件下，社会中存在的各种利益关系。这种矛盾性的历史过程将会凝聚成某一具体的城市空间，同时也将面临着来自新的利益、计划、主张和梦想的调整与改变，并衍生出新的功能和新的形式，这是城市空间演变的根本动因。

大约从 5000 年前起，人类就开始在城市里居住了，在此历史进程中，人类创造了各式各样的能反映当时社会、经济、文化关系的城市空间。城市在过去的 5000 年里分化成了许多不同的形式，不但形成了不同的阶段期，而且也形成不同的城市类型。本章将截取西方城市发展的若干阶段，扼要梳理主要的空间形态，说明生产方式和发展模式是空间形态和结构的最重要的决定因素，亦即列斐伏尔所揭示的"空间的生产"。作为城市设计工作者，应该树立这种"大局"视野，我们所做的设计，往往也是时代的产物、与时代同构的产物。

17.2 最早聚落

最早的人类聚落形式从非洲喀麦隆的聚居地（图 17-1）可以窥见一斑。聚落场地被有序的封闭屏障包围，将自身与威胁隔离开来，采取了组团围绕中心的形式，不仅具有功能分区，而且也能看出社会的分化，这种居住方式是居民长期在此定居、生活的过程逐渐形成的稳定模式。

空间结构和建筑结构的形成源自当时的自然条件和社会条件。自然条件包括气候、地貌、资源等；社会条件则包括社会组织形式、政治结构、防卫与安全、功能需求等。

气候和当地特有资源（如泥石、木材）的差异会导致建筑类型的显著差别，而社会关系与组织形式的不同则造成建筑空间与布局形态的明显差异。

此外，随着经济和社会的发展，人们对空间的使用需求产生了分化，导致城市出现了功能分区。正是由于人类在定居的历史进程中出现了空间上的功能性差异诉求，技术上又有了实现的手段，各式各样的建筑类型才陆续登场。

早期聚落的形态可谓是自然条件、社会关系和技术手段综合的结果，体现了当时社会的空间生产。

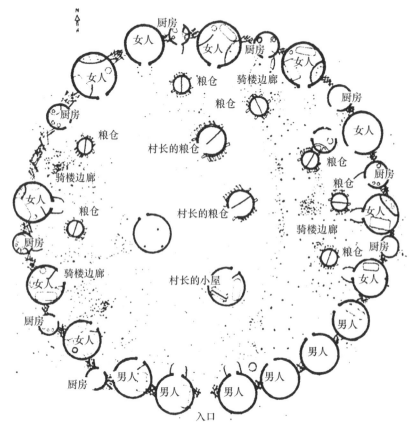

图 17-1　现今非洲喀麦隆聚集地
（资料来源：（德）克里斯塔·莱歇尔. 城市设计：城市营造中的设计方法［M］.
孙宏斌译. 上海：同济大学出版社，2018.）

17.3　城市起源

大约从公元前 8000 年开始，约旦河西海岸区域就开始有人定居，在此之后的一千年里，古代中亚的聚居地重心在幼发拉底河流域和底格里斯河流域之间移动变迁，这里诞生了较早城市的雏形。自公元前4000年开始，这里逐渐形成了规模不断扩大的城市，如乌尔城（Ur）、巴比伦城（Babylon）等。

乌尔城平面呈叶形，南北最长处约为1000米，东西最宽处约为600米。宫殿庙宇和贵族府邸位于西北高地，有厚墙围绕，城西和城北各有一处码头，偏东南部有平民和奴隶的居民点，山岳台为天体崇拜的塔庙。发掘出土的乌尔城的平面布局，展示了若干"城市"特性：塔庙圣域体现了宗教和政治权力，港口与河道是贸易和交通的典型产物，房舍与宫殿展现了社会结构的分别，厚厚的城墙是防务与安全的标志符号。其空间的布局、特征和当时的社会背景与生产方式紧密相连（图17-2）。

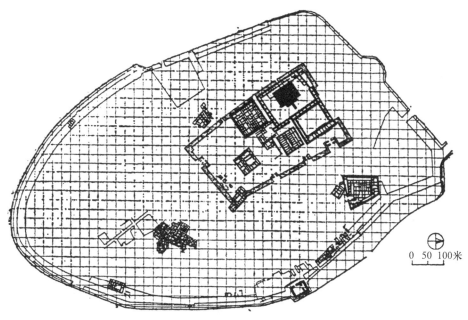

图17-2　乌尔城平面图
（资料来源：吴志强，李德华. 城市规划原理（第四版）[M].
北京：中国建筑工业出版社，2010：26.）

与之相对，希腊城则呈现了全新的社会性聚居的特征。米利都城遵循古希腊哲理，探求几何和数学的和谐以取得秩序与美感。以方格网的道路系统为骨架，塑造出了空间上的一种"统一性"，以城市广场为中心，充分体现了民主和平等的城邦精神。城市空间反映古希腊社会体制以及宗教与城市公共生活要求，城区分为三个主要部分：圣地、公共建筑区、私宅地段。出自希波丹姆（Hippodamos）之手的规划，严格按照几何图形原则，星罗棋布的建筑布局其中。这种几何状的城市规划方式实现了场地的高效实用，可以通过逐步添加街区来延伸建设用地，由此系统性地推进城市发展（图 17-3）。

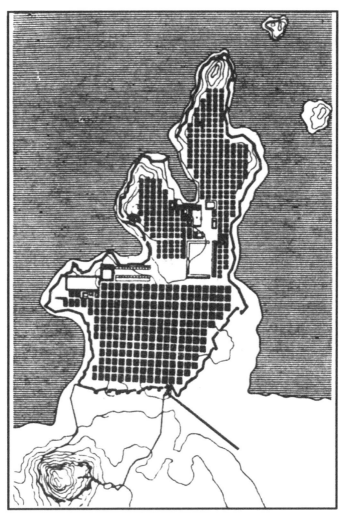

图 17-3 米利都城平面图

（资料来源：吴志强，李德华. 城市规划原理（第四版）[M].
北京：中国建筑工业出版社，2010：24.）

17.4 中世纪的城市

4～8 世纪，随着罗马帝国的崩溃瓦解，欧洲发生了日耳曼民族大迁徙，由此形成了中世纪欧洲新的地域秩序，发展出了灿若繁星的新城市。为数众多的中世纪城市大都有如下特点：高耸的城墙、位于中心的广场和教会、领主的城堡、不规则的城市道路以及随着市民自治而兴起的市政厅和公民大厅。平面布局基于不规则的道路系统和渐进的营建模式，所以看上去"毫无规划可言"，然而它们并非偶然形成，常常是取决于当地的社会形态和地域特点（图 17-4）。这些各式各样的城市大致来自三种秩序体系的混合体：① 根据封建制度建立的秩序体系；② 根据宗教教义建立的秩序体系；③ 根据工商业原则建立的秩序体系。这些秩序原原本本地投射在空间构成上，影响了城市的空间形态，并且三种秩序形态混合的程度不同，衍生出了在社会体制和形态空间上都丰富多样的中世纪城市。

图 17-4　中世纪城市法国鲁埃格

（资料来源：https://www.vcg.com/creative/1001916746.）

17.5　君主专制时代的城市

14世纪初文艺复兴肇兴于意大利北部，随后开始在欧洲蔓延。文艺复兴重新追溯古希腊、古罗马时期强调理性的信条和价值观，这即是复兴的本意。通过"再度发现"维特鲁威（Vitruvius）的学说价值，文艺复兴在城市营造方面和建筑艺术方面的思想也得以伸张，一如阿尔伯蒂在《建筑十书》中提出了"作为艺术品的城市"这样一个特征鲜明的理念。这一时期诞生了很多新型的城市方案，以城市艺术理想化而出名，其中绝大部分都沦为乌托邦式的图景，然而中世纪城市渐进式的"加法原则"则被"精心的城市总体设计"所取代，每幢建筑的位置是由总体设计中的规定来确定。

到了巴洛克时期，这种设计原则被推向极致，并产生了一个崭新的设计形式——"空间透视"手法。这种手法的始作俑者是一些舞台布景师，如伯尼尼（Bernini）等，起初被应用在舞台设计上。空间透视手法和权力一拍即合，相互媾和，形成瑰丽奇特的巴洛克式规划。一如刘易斯·芒福德所指出的，这些城市都是"舞台画面般的尝试"，是为了炫耀权力。"对称性"是巴洛克风格中最重要的设计原则之一，它们遵从于严苛的秩序构想和艺术设计号令，法国的凡尔赛宫和德国的卡尔斯鲁厄是非常典型的案例（图17-5）。由于彰显权力的无远弗届，城市空间被社会体制模式塑造出来，成为一个时代的空间烙印。

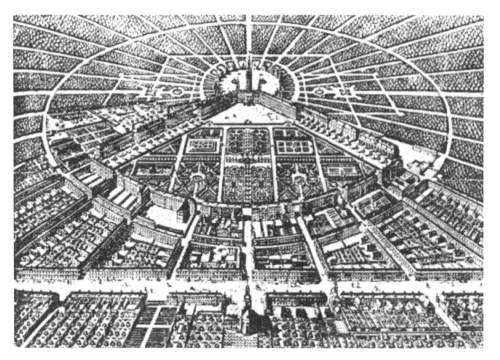

图 17-5 卡尔斯鲁厄的规划布局（上）和凡尔赛宫的实景（下）
（资料来源：（德）克里斯塔·莱歇尔. 城市设计：城市营造中的设计方法［M］. 孙宏斌译.
同济大学出版社，2018.）

17.6 经济繁荣时期的城市

18世纪60年代西方国家工业革命开始兴起，工业化蓬勃发展，城市扩张亦进入全盛时期。特别是从19世纪中期开始，欧洲城市经济和人口快速增长，导致许多城市都出现了极端的城市密集化。为了最大限度地利用土地，新建城市和城市扩建的区域几乎无一例外地采取"细分道路网络＋块状街区＋多层建筑"的模式。大城市中的居住和生活条件由于人口密集而每况愈下。当时的城市规划哲学被理性主义的城市营造理念所深刻影响，细分的道路网使得"金角银边"增多，符合地租效益的原则，横平竖直的道路系统是理性主义的完美表达，斜向的沟通道路则暗合巴洛克星形规划的影子，一切都其来有自、顺理成章，构成此一阶段的空间生产（图17-6）。

图17-6 1791年华盛顿朗方规划

（资料来源：（德）克里斯塔·莱歇尔. 城市设计：城市营造中的设计方法［M］. 孙宏斌译.
同济大学出版社，2018.）

17.7　福柯的抗议

城市的生产关系和生产方式成为决定城市变迁的主要动力，影响和改变着城市的空间形态和空间逻辑。然而，这或许也是福柯所反对的"总体化的历史观"和"宏大叙事"，是一种理性主义的线性连续的历史观。

20世纪60年代，福柯为了与传统的史学相揖别，采用"考古学"研究方法来考察和分析历史。该方法抛弃了寻求表层背后真理和因果关系的模式，回到离散的、表层的和断裂的历史空间。1970年，福柯开始采用系谱学的方法，从微观视角来分析社会历史领域，主张历史的断裂性，反对历史的连续性。

他正是在反对"大写"的历史，主张书写过去历史学家所忽视的边缘问题、边缘人物、底层人物的系谱学研究中，发现了权力与空间的秘密，展开了对现代规训社会的猛烈批判。在《规训与惩罚——监狱的诞生》一书中，他提出圆形监狱的概念。

圆形监狱是在中心设有警戒塔的圆形建筑，建筑外围划分出许多独立的小狱房，其设计使得狱中的犯人始终受到监视，而他们却看不见其他犯人和警戒塔上的看守。福柯把圆形监狱转换成对社会规训凝视的比喻，圆形监狱提供了进行规训的完美的设施，它创造了一种永不停止的凝视。凝视的力量虽然可见但又无法被证明，因此通过这种建筑结构创造出的权力是无所不在的、隐匿的，而非压迫性的，从而形成的一种自体看管技艺，培养一种被规训的人群（图17-7）。

这种空间规训体现在城市发展中，体现在工人的居住区、医院、收容所、监狱以及学校的建设中。工厂通过空间设置监视约束工人身体，医院通过空间布局观测病人言行，学校通过空间划分教育和规范学生行为，这些都印证了"权力分布在能够在任何地方运作的性质相同的电路中，以连贯的方式，直至作用于社会体的最小粒子"[①]的规训社会的现实。在福柯看来，

[①]　（法）福柯. 规训与惩罚 [M]. 刘北成，杨远婴译. 生活·读书·新知三联书店，2012.

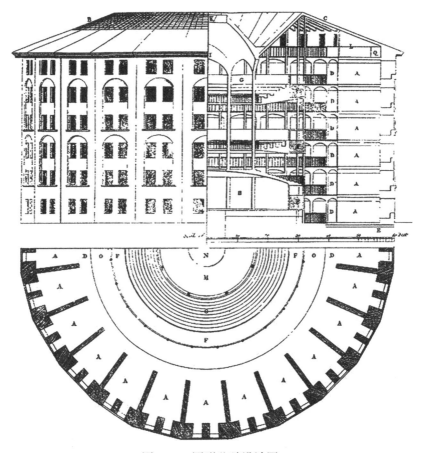

图 17-7　圆形监狱设计图
（资料来源：陈迪佳，林楚杰 . 圆形监狱——非建筑师的"原型"建筑［EB/OL］.［2016-10-12］.
http://www.archiposition.com/items/20180525103339.）

现代社会就是一个空间化的规训社会，空间中隐匿着各种权力，这些权力借助城市空间的布局来发挥作用。城市空间可以理解为权力行使的各种分布式装置，以一种离散多样的方式存在，它们不是所有的都一模一样，并且受制于一个预先给定的中心原则。

　　城市的发展演化是一个动态的过程，是特定的自然、社会、文化背景条件下，人类活动和自然因素相互作用的综合结果。在其形态演变过程中既存在规律性因素也存在随机性因素，两者的结合使形态的演变丰富多彩、仪态万方，两者的存在也有可能使得城市呈现一种非线性的耦合发展状态，在特殊情况下城市的发展出现跳跃性和突变性。

本章提及福柯的意义不在于辨析列斐伏尔和福柯史观孰对孰错，而在于提示在历史研究和城市设计中需要有一个大局观，既要知悉城市空间构成方式有潜在的规律和秩序，也要有具体而微的视野，理解空间的历史意义，理解它是如何嵌入到日常生活当中，成为影响人们行为与思维方式的一个重要的工具。

参 考 文 献

［1］（德）克里斯塔·莱歇尔. 城市设计：城市营造中的设计方法［M］. 孙宏斌译. 上海：同济大学出版社，2018.

［2］（法）巴内翰. 城市街区的解体：从奥斯曼到勒·柯布西耶［M］. 魏羽力译. 北京：中国建筑工业出版社，2012.

［3］王刚，肖铭，郭汝，陈煊. 西方城市规划史对我国城市规划的启示［J］. 城市规划，2007（2）.

［4］Henri Lefebvre. The production of space [M]. Blackwell, 1991.

［5］朱轶佳，李慧，王伟. 城市更新研究的演进特征与趋势［J］. 城市问题，2015（9）.

［6］SCOTT A.J., ROWEIS S.T.. Urban Planning in the Theory and Practice [J]. Environment and Planning A: Economy and Space, 1977(11).

［7］龙元. 交往型规划与公众参与［J］. 城市规划，2004（1）.

［8］常健. 论经济理性、社会理性与政治理性的和谐［J］. 南开大学学报（哲学社会科学版），2007（5）.

［9］（日）大谷幸夫. 城市空间设计12讲：历史中的建筑与城市［M］. 王伊宁译. 武汉：华中科技大学出版社，2018.

［10］（法）勒·柯布西耶. 光辉城市［M］. 金秋野译. 北京：中国建筑工业出版社，2011.

［11］张庭伟. 城市规划的基本原理是常识［J］. 城市规划学刊，2008（5）.

［12］阴玉洁. 城市设计中的场所精神营造［D］. 太原：太原理工大学，2016.

［13］陆志瑛. 城市设计中的现象学思考［J］. 山西建筑. 2008（7）.

［14］（英）马修·卡莫纳，史蒂文·蒂斯迪尔，蒂姆·希斯，泰纳·欧克. 公共空间与城市空间——城市设计维度（第2版）［M］. 马航，张昌娟，刘堃译. 北京：中国建筑工业出版社，2015.

［15］李亮. 美化之城市——从城市形态看城市美化运动的当代启示［M］. 北京：中国

建筑工业出版社，2017.

［16］伍凌 . "化境" 论之传统美学辨［J］. 河北学刊，2011（1）.

［17］丘阳 . 中国传统建筑美学观的缘起——传统思想对建筑美学观的影响［J］. 广西城镇建设，2008（1）.

［18］运迎霞，王林申，王艳玲 . "八景" 的传统美学思想体现及对当代城市规划的启示［J］. 规划师，2014（3）.

［19］董仲舒 . 春秋繁露·循天之道［J］. 光明中医，2016（3）.

［20］童明 . 变革的城市与转型中的城市设计——源自空间生产的视角［J］. 城市规划学刊，2017（5）.

［21］蔡甜甜 . 基于文化视角下的老城空间整合研究——以南京六合老城为例［D］. 南京：南京工业大学，2016.

［22］卓健 . 速度·城市性·城市规划［J］. 城市规划，2004（4）.

［23］黄研，闫杰 . 中国古典园林美学视角下传统聚落景观研究［J］. 四川建筑科学研究，2015（2）.

［24］刘乃芳，张楠 . 多样性城市事件及事件空间研究——以南宁历史城区为例［J］. 国际城市规划 . 2012（3）.

［25］凯文·林奇 . 城市意象［M］. 北京：华夏出版社，2001.

［26］程世丹 . 当代城市场所营造理论与方法研究［D］. 重庆：重庆大学，2007.

［27］李昊 . 物象与意义——社会转型期城市公共空间的价值建构（1978～2008）［D］. 西安：西安建筑科技大学，2011.

［28］黄骁 . 城市公共空间活力激发要素营造原则［J］. 中外建筑，2010（2）.

［29］彭智谋，王小凡 . 城市公共空间尺度人性化研究［J］. 南方建筑，2006（5）.

［30］（德）赖因博恩 . 城市设计构思教程［M］. 汤朔宁译 . 上海：上海人民美术出版社，2005.

［31］杨茂川，何隽 . 人文关怀视野下的城市公共空间设计［M］. 北京：科学出版社，2018.

［32］（美）迈克尔·P·布鲁克斯 . 写给从业者的规划理论［M］. 叶齐茂，倪晓晖译 . 北京：中国建筑工业出版社，2013.

［33］格哈德·库德斯 . 城市形态结构设计［M］. 杨枫译 . 北京：中国建筑工业出版社，2008.

［34］（英）斯蒂芬·马歇尔 . 城市设计与演变［M］. 陈燕秋译 . 北京：中国建筑工业

出版社，2014.

［35］（美）保罗 L. 诺克斯 . 城市与设计［M］. 钱静译 . 北京：机械工业出版社，2013.

［36］蒋涤非 . 城惑［M］. 北京：中国建筑工业出版社，2010.

［37］陈恒 . 他山之石，可以攻玉——西方城市史研究的历史与现状［J］. 上海师范大学学报（哲学社会科学版），2007（3）.

［38］韩冬青 . 城市形态学在城市设计中的地位与作用［J］. 建筑师，2015（7）.

［39］何依 . 四维城市——城市历史环境研究的理论、方法与实践［M］. 北京：中国建筑工业出版社，2016.

［40］黄瓴 . 城市空间文化结构研究——以西南地域城市为例［D］. 重庆：重庆大学，2013.

［41］胡纹 . 城市设计教程［M］. 北京：中国建筑工业出版社，2013.

［42］王建国 . 现代城市设计理论和方法（第二版）［M］. 南京：东南大学出版社，2004.

［43］（美）凯文 • 林奇，加里 • 海克 . 总体设计［M］. 黄富厢，朱琪，吴小亚译 . 南京：江苏科学技术出版社，2016.

［44］方果 . 丘陵地貌影响下的城市设计研究［D］. 湖南：湖南大学，2008.

［45］谭莹 . 基于日常生活的城市设计策略研究［J］. 室内设计，2011（5）.

［46］陈俊华 . 生物气候条件对中小城市设计的影响研究［D］. 邯郸：河北工程大学，2009.

［47］（英）埃蒙 • 坎尼夫 . 城市伦理：当代城市设计［M］. 秦红岭译 . 北京：中国建筑工业出版社，2013.

［48］（英）伊恩 • 伦诺克斯 • 麦克哈格 . 设计结合自然［M］. 黄经纬译 . 天津：天津大学出版社，2016.

［49］（英）帕齐 • 希利 . 协作式规划——在碎片化社会中塑造场所［M］. 张磊，陈晶译 . 北京：中国建筑工业出版社，2018.

［50］孙宇 . 当代西方生态城市设计理论的演变与启示研究［D］. 哈尔滨：哈尔滨工业大学，2012.

［51］汪源 . 城市设计的尺度问题研究［J］. 新建筑，2003（5）.

［52］王世福 . 面向实施的城市设计［M］. 北京：中国建筑工业出版社，2005.

［53］庄宇 . 城市设计的运作［M］. 上海：同济大学出版社出版，2004.

［54］李先逵，刘晓晖 . 诗境规划论［M］. 北京：中国建筑工业出版社，2017.

［55］陆天赞. 1990 年以来我国城市设计中生态手法的类型研究［D］. 上海：同济大学，2007.

［56］王富臣. 形态完整——城市设计的意义［M］. 北京：中国建筑工业出版社，2005.

［57］王笑梦. 都市设计手法［M］. 北京：中国建筑工业出版社，2012.

［58］张京祥. 西方城市规划思想史纲［M］. 南京：东南大学出版社，2005.

［59］周春山. 城市结构与形态［M］. 北京：科学出版社，2007.

［60］张京祥，罗震东. 中国当代城乡规划思潮［M］. 南京：东南大学出版社，2013.

［61］段汉明. 城市设计概论［M］. 北京：科学出版社有限责任公司，2019.

［62］Hamid Shirvani. the Urban Design Process [M]. VTVR Company Inc., 1985.

［63］BDP. Urban Design in Practice [J]. Urban Design Quarterly, 1991(8).

［64］Lynch K.. Good City Form [M]. Boston: University of Harvard Press, 1980.

［65］王建国. 基于人机互动的数字化城市设计——城市设计第四代范型刍议［J］. 国际城市规划，2018（1）.

［66］单霁翔. 从"文物保护"走向"文化遗产保护"［M］. 天津：天津大学出版社，2008.

［67］卢源. 旧城改造对弱势群体的影响及规划保护对策［D］. 上海：同济大学，2003.

［68］金崇斌. 政府主导、多方参与、有序渐进的旧城改造模式——以蚌埠为例［D］. 上海：同济大学，2008.